音乐主题景观设计

Landscape Design with Music Theme

李敏等著

Li Min etc.

中国建筑工业出版社

图书在版编目（CIP）数据

音乐主题景观设计 / 李敏著. — 北京：中国建筑工业出版社，2018.10

ISBN 978-7-112-22778-5

Ⅰ. ①音…　Ⅱ. ①李…　Ⅲ. ①音乐欣赏 — 应用 — 景观设计 — 研究　Ⅳ. ① TU983

中国版本图书馆CIP数据核字（2018）第232198号

主要作者：李敏　刘慕芸　魏忆凭　张文英

著作单位：华南农业大学热带园林研究中心

协作单位：广东美景园林建设有限公司

图片摄影：李敏　刘慕芸　魏忆凭　张振光　童匀曦　李济泰 等

版式设计：张希晨

责任编辑：费海玲　焦阳

责任校对：王宇枢

音乐主题景观设计

Landscape Design with Music Theme

李敏 等著

*

中国建筑工业出版社出版、发行（北京海淀三里河路9号）

各地新华书店、建筑书店经销

北京点击世代文化传媒有限公司制版

天津翔远印刷有限公司印刷

*

开本：787 × 1092毫米　1/16　印张：13½　字数：263千字

2018年12月第一版　2018年12月第一次印刷

定价：98.00 元

ISBN 978-7-112-22778-5

（32711）

目　录

图 1-1　广州二沙岛景区星海音乐厅前庭人民音乐家冼星海雕塑

第 1 章　绪论

在中外园林的发展历史中，音乐艺术与园林营造的关系十分密切。音乐元素与园林艺术的结合，创造了许多优美动人的园景空间和审美意境。在中国古典园林中，不论是“雨打芭蕉”“枯荷听雨”的自然声境，还是“琴瑟和鸣”“歌舞楼台”的音乐场景，都给游赏者带来了充满诗情画意的审美体验。随着现代科技发展和社会进步，融入园林的音乐艺术也不再局限于传统的园林表现形式，出现了一些以音乐为主题的城市公园和艺术景区。这些融入音乐元素和表现音乐艺术的风景园林景观，可以统称为“音乐主题景观”。本书有关的园林设计理论与实践研究，均围绕该主题内容而展开。

1.1　音乐与音乐主题景观

在世界音乐发展历史上，出现过许多名垂千古、令人景仰的音乐大师，他们创作的音乐作品经久不衰。西方古典主义时期，音乐代表人物有海顿、莫扎特、贝多芬等；浪漫主义时期，代表人物有帕格尼尼、李斯特、肖邦等。我国近代音乐史上作出杰出贡献的音乐家有华彦钧、冼星海、聂耳、马思聪、施光南、盛中国、殷承宗等。这些音乐家通过音乐作品讲述故事、表达情感。一些地方为了纪

图 1-2　1999 年昆明世界园艺博览会奥地利园，主景为著名音乐家施特劳斯演奏小提琴的雕像

图 1-3　琴台余音——武汉古琴台，相传为中国古代音乐家俞伯牙弹奏“高山流水”古琴曲之地

念音乐家的伟大贡献，建设了音乐家雕像和纪念园，如音乐之都维也纳，大街小巷、公园绿地中都矗立着著名音乐家的雕像，成为当地特色鲜明的音乐主题景观。

随着时代的发展，人们欣赏音乐的方式和场所也不断发生变化。早期，人们在教堂、剧院、宫廷、露天剧场等场所聆听音乐家的现场演奏。后来，音乐被刻录在唱片、磁带、光盘等载体上，人们通过固定的播放设备来聆听。今天，大部分音乐作品以音频信息的形式保存下来，人们欣赏音乐不再受时间和空间的限制。优美的音乐被广泛应用于餐厅、景区、公园等各种场所，极大地美化了人民生活的听觉环境，营造了轻松愉快、充满文化的气氛。人们不仅喜欢聆听音乐，还渴望体验融入音乐的美妙景观和意境，并与音乐家进行互动。于是，音乐表达又大量回归现场演奏。不过，与传统演奏方式不同的是，音乐艺术的审美场所更多设在风景优美的园林空间。人们不需要着装正式及整齐就坐，可以聊天、舞蹈、散步，实现了最愉快的观赏方式。诸如园林音乐节、音乐互动表演、大众歌咏等，都成为音乐艺术在园林里颇受欢迎的表现形式。

现代公园具有休息、游赏、娱乐、健身等功能，通常都要建设一些活动场地，供文艺爱好者排练舞蹈和音乐表演。为了增加人文景观，一些公园还设置了音乐艺术雕塑。近 30 年来，音乐喷泉在公园、景区中普遍应用，增添了风景园林游览空间的欢乐气氛。随着美国迪士尼乐园的兴起，又出现了各种形式的主题公园，包括以音乐为主题的公园。在我国城市绿地系统中，音乐主题公园归入专类公园类型，如云南玉溪聂耳公园、哈尔滨音乐公园、成都东区音乐公园、重庆石竹山公园、深圳白石龙音乐主题公园等。这些公园通过音乐艺术雕塑、音乐活动等形式来表达音乐故事、音乐艺术等内容，适应了人民日益增长的音乐审美文化需求。

音乐虽然是一种听觉艺术，但它与建筑、园林等空间造型和环境艺术遵循相同的美学规律，在情感表达、创作手法、审美意境上具有一定相似性。现代雕塑艺术与音乐艺术结合产生了音乐雕塑，建筑艺术与音乐艺术结合产生了音乐建筑，舞蹈艺术与音乐艺术结合产生了音乐剧等。这些与人居环境和人民生活相关联的音乐艺术景观，均可应用到风景园林的开敞空间中。音乐主题景观能够形象地展现音乐艺术的魅力，表达人类的丰富情感和美好意境，保护与传承音乐类非物质文化遗产，并促进音乐产业发展。

近年来，音乐主题景观作为一种风景园林营造类型，在我国受到越来越多的关注，发展迅速。然而，由于该领域专门的设计理论研究较少，缺乏优秀案例示范和建设规范，在实际项目的规划建设中理论指导不足，导致一些城市音乐公园

图 1-4　哈尔滨音乐公园给冬日的冰城人民带来了几分温暖和欢乐

图 1-5　鹭岛欢歌——2007 年中国（厦门）国际园林花卉博览会场景

图 1-6　音乐之岛——世界文化遗产鼓浪屿

的营造产生一些盲目性，普遍存在主题不突出、景观单一化等问题。同时，由于音乐作为听觉艺术的特殊性，艺术形象的视觉化表达较为抽象，在一定程度上增加了音乐主题景观项目的实施难度。所以，深入研究音乐艺术与园林景观设计之间的内在关系，探索结合音乐形象的风景园林规划设计理论，对于提高我国城市音乐类主题公园和艺术景区的建设水平、填补该学术领域的研究空白具有重要意义。

1.2　音乐主题景观的应用研究

广义而论，音乐主题景观是以音乐艺术形象为主景，以风景园林环境为载体，集合多种音乐活动景观于一体的大众休闲娱乐活动空间。其营造内容，涉及音乐美学、园林美学、音乐心理学、环境心理学、建筑学、风景园林学等学科领域，艺术表现的创新性要求高，景观规划设计难度较大。

本书的主要研究内容是：通过大量查阅国内外相关文献专著，梳理业界与音乐主题景观设计有关的研究概念和基础理论，综述其研究现状和音乐性园林景观营造实例，研究音乐和风景园林的历史关联，音乐形象的景观形式、艺术表达、

图 1-7　厦门鼓浪屿钢琴博物馆外观

图 1-8 鼓浪屿钢琴博物馆内景

审美特点等。在此基础上，展开对音乐艺术园景规划设计的研究，总结创作规律，提炼设计要点。

本书的主要研究方法是：运用文献检索和实地调研等方法，大量收集国内外音乐主题景观实例，研究音乐形象的景观形式；选取国内外已建成的音乐公园和艺术景区为研究对象，按照景观特征和功能特点进行分类，并对每类公园或景区的景观规划设计内容进行分析，进而提炼音乐意境的营造方法及其艺术园景的设计要点，并聚焦设计目标与主题内容、园区选址和环境因素、景观形象与空间环境、园林建筑与配套设施、游赏方式及娱乐活动、审美意境和旅游产品等方面展开论述。再通过一个实践案例——广东揭阳市中德金属生态城贝多芬森林公园规划设计项目研究，对相关理论研究成果加以应用实证。

本书专题研究的学术创新点主要有：

（1）梳理分析国内外已有音乐主题景观的成功案例，归纳音乐形象的主要景观表达形式，为结合音乐的景观设计提供素材。

（2）剖析国内外已建成的音乐公园和景区案例，提炼音乐主题公园的营造类型、景观内容、规划分区等设计方法，为构建音乐公园和景区提供理论支撑。

（3）总结风景园林环境里音乐意境的营造方法和音乐艺术园景的设计要点，丰富我国音乐专类公园和音乐艺术景区的规划设计理论。

今天的中国已经成为全球第二大经济体，正在从人口与经济大国走向世界强国。当代中国社会的主要矛盾，已经转化为人民日益增长的美好生活需要和不平衡、不充分发展之间的矛盾。中国人民对于风景园林的审美与消费需求，正在从一般层次的对人居环境绿色空间数量的需求逐步转向更高层次与艺术生活紧密关联的文化陶冶和审美享受。在此背景下，音乐主题景观设计与园林化音乐游赏空间的营造，将成为21世纪中国风景园林行业发展的新亮点之一。

图1-9 情景交融——鼓浪屿景区里的音乐人

图 1-10　福建惠安聚龙小镇正在兴建国际音乐主题公园的巨幅宣传牌

图 1-11　充满历史文化底蕴的武汉古琴台与琴园

图 1-12　山水奏清音——无锡太湖拈花湾景区的现代“八音涧”

图 2-1　深圳华侨城欢乐海岸音乐喷泉

第2章　相关概念与理论研究

2.1　相关概念

2.1.1　音乐与音乐形象

音乐是以声音为表现手段的一种艺术形式，在所有艺术类型中最为抽象。物理学将物体规则振动所发出的声音称为乐音。运用有组织的美妙乐音构成的听觉意象表达人类现实生活中特殊的情感体验，最能即时打动人，这就形成了音乐艺术。

音乐的基本构成要素是乐音，辅以节奏、旋律、和弦、曲式、力度、速度、织体等其他要素，形成丰富的艺术内容。音乐按体裁划分，主要有声乐和器乐两大门类，兼容歌剧、歌舞、戏曲等艺术表现形式。音乐按地域划分，又有东方音乐和西方音乐之别。东方音乐注重表现人与自然的关系，多模拟自然山水的天籁之音，追求诗情画意的审美境界；西方古典音乐注重运用较为严谨的音乐结构表现社会生活场景与情感，讲究固定格式的乐律和谐，构成动人的音乐形象。

从哲学上讲，所谓“形象”，是指客观事物外部形式、结构的某些特征作用于人的感觉器官，再由神经系统把信息传导给神经中枢，最终在大脑留下的表象。各种艺术门类具有不同的表达形象的方法，如绘画运用色彩线条来塑造形象，文学运用语言来描述形象，建筑用砖、木、石、钢等材料实体构建形象；音乐则是运用乐音的排列组合间接地塑造艺术形象。如此产生的“音乐形象”，既可以是一种直观的视觉图像，如五线谱、乐器、演奏场面等；也可以是在人体感受器官连带作用下的听觉想象或情感反映。它通过随着时间流淌的音符、音调与音响变化表现人的情感与审美情趣。因此，这些“音乐形象”又被艺术家们称作“声音形象”“音响形象”“乐音形象”“曲调形象”“感情形象”“音乐意象”以及“音乐信息”等。

2.1.2　音乐形象的可视性

音乐中表达的视觉图像具有直观鲜明的可视性，最典型的就是记载了音符组合规律的五线谱。如果说书籍是文字的载体，那么乐谱就是音乐形象的载体。不同时值的音符根据旋律的特点依次排列在五线谱上，高低错落，有序波动，形成富有视觉美感的构图。当乐器进行演奏时，五线谱就演化成美丽的乐音，实现了视觉向听觉的转换。其次是乐器，它们不仅是音乐表演的媒介，也是音乐艺术的审美实体。如钢琴、小提琴、竖琴、萨克斯、琵琶、二胡等乐器，本身造型优美，制作工艺精湛，常作为设计元素应用在与音乐相关的设计图案中，形成带有乐器

图 2-2　赏樱时节春之声（日本大阪）

形象的海报、墙绘、唱片封面等。

音乐形象还包括演奏场景、声波图像、音乐电视等视觉图像。演奏场景可以是观众实际看到的表演景象，也可以是视频媒体记录下的画面，展现了演奏家、歌唱家和指挥家优美的姿态和丰富的神情。声波图像是声音引起空气的振动所形成的波纹图案，它随着声音强弱高低而有韵律地变化。一些音频文件配有声波图像用来增强听众的心理感受。音乐电视即指 MTV，通过为音乐创作故事和搭配图画来增加音乐形象的观赏效果。

音乐审美过程的感受也具有可视性。一方面，人们通过听觉联想可在脑海中形成虚拟形象，即听觉想象；另一方面，音乐表现手段可传达和唤起某种精神状态，即情感反映。听觉想象是指音乐信息作用于感受器官引起的联想。声乐的歌词和纯音乐的标题都可引起听觉想象；音乐中模拟自然界的声音及物体运动的旋律也可以引起听觉想象。声乐中的歌词具有和文学艺术相似的表达手段，通过语言描述使欣赏者在聆听过程中较为明确地把握审美对象的存在形式。纯音乐的标题具有解说词的特性，通过文字的语义形象唤起欣赏者的听觉想象。这类作品的标题，有的采用优美的风景意象描绘自然风光，如阿炳的《二泉映月》、刘天华的《空山鸟语》、德彪西的《月光》、约翰·施特劳斯的《蓝色多瑙河》、贝多芬的第六交响曲《田园》及奏鸣曲《月光》。也有的采用人物姓名暗示一个音乐故事，如何占豪、陈钢的小提琴协奏曲《梁祝》，谭盾的交响曲《离骚》、里查·施特劳斯的交响变奏曲《唐·吉诃德》、莫扎特的歌剧《唐璜》、柏辽兹的交响曲《罗密欧与朱丽叶》等。标题如同线索，听众在标题的暗示下更容易随着旋律展开联想。

模拟自然界声音的音乐，由于模拟性的手法而引发形象联想，心理学上称之为“类似联想”。比如，轻柔的三连音的连续出现，可能使人联想到潺潺的溪流；高音区颤音的反复出现，可能使人联想到白鸽飞翔或仙山琼阁；乐队强烈的全奏、打击乐由弱而强的轰响，又会使人联想到大雨倾盆而下和雷声滚过大地。中国古琴曲《流水》，是运用泛音、滚音、拂音、滑音等指法来描绘流水的各种动态。贝多芬第六交响曲《田园》，用悠扬的小提琴模仿微风的声音，管乐以轻弱的力度奏出的三连音模仿小溪潺潺的流水，用长笛、双簧管、单簧管三种乐器模仿夜莺、

图 2-3　山水有清音——南岳衡山的“天下第一泉”瀑布流泉及古代摩崖石刻“听泉”景观

鹌鹑及布谷鸟的啼叫声。这些微风、流水、鸟鸣等音响，为听者创造出一片鸟语花香的田园美景。而当音乐描写的对象本身没有声音，也找不到周围与之有联系事物的声音时，作曲家常采用象征手法，利用象征物与被象征物之间的某种相似性，使被象征物的主题内容得到含蓄而形象的表现。例如，太阳渐渐升起的视觉景观是阳光由低而高，光线由暗而明，亮度由弱而强，作曲家就采用音区由低而高、音量由弱而强、音色由淡而浓来构成音乐形象，象征太阳冉冉升起的景象。

表现情感，是人类一切艺术的核心内容。同样的情感可以在不同艺术中以不同的形式存在。文学作品中的情感蕴藏在文字里，多用托物言志、借景抒情的描写方法，使情感具有可以寄意的物象；绘画作品中的情感化作色彩和线条，抽象却直观，通过视觉刺激唤起和音乐相似的情感体验。音乐中的情感反映，是指音乐唤起的某种悲欢的情感状态，又称为“情感境界”。和谐乐音中不稳定的单音，是激越情绪的模拟；而舒展的旋律、平稳的节奏，又能表现愉快的形象。如中国民歌《小白菜》，音乐通过级进下行带有哭泣般的音调和逐层下行的旋律发展手法，深刻地表现了软弱无力、悲伤痛苦的形象；又如著名的抗战歌曲《毕业歌》，音乐用顺乎语势的语调上升旋律，以高昂的音调、开阔的节奏表达了一种勇敢的气势和紧张的热情。

音乐中的情感形象相比于文学和绘画来说具有模糊审美的特点，艺术形象不是那么清晰明确。不过，这种绘画留白似的审美特点，恰恰又使音乐艺术的表现力得到升华，给人以更加深刻的艺术感受，也为不同艺术之间的审美形象相互转化提供了更多的可能性。

2.1.3 音乐主题景观空间

所谓音乐主题景观，一般是指融入音乐元素和表现音乐艺术的风景园林景观空间。它让优美的乐音直接作用于景观环境，通过物化手法（包括音乐形象的空间化、风景化）使音乐艺术渗入园林，升华游览者的情感体验。

根据表现形式的不同，音乐主题景观主要有 4 类：音乐雕塑、音乐喷泉、音乐空间、音乐活动。其中，音乐雕塑是将乐器、音符、音乐家等音乐艺术形象直接创作成雕塑的景观。音乐喷泉是结合喷泉技术与音乐艺术，通过水压、音频、灯光等调控实现音乐水景韵律变化的景观。

音乐空间是提供音乐相关活动及展示的室内或室外固定场所，包括音乐活动的观演空间、音乐物品的展览空间等。观演空间是指用于音乐活动的观演建筑，在园林中普遍应用的有音乐广场及舞台，还有音乐台、戏台、音乐亭、露天剧场、音乐厅、大剧院等。展览空间是指对音乐史籍、文物、图像、乐器等进行展出的建筑空间，包括文化展览馆、乐器博物馆、名人纪念馆等。音乐活动是在风景园

图 2-4　中国古代的大众音乐空间——苏州同里古镇戏台

林空间中由参与者的音乐行为构成的景观，包括音乐表演、大众歌咏、园林音乐节等。它既可以在音乐空间内进行，共同成景，也可以在园林环境中独立成景。

2.1.4　音乐公园与景区

音乐公园是以音乐为主题，以园林环境为载体，集各种音乐活动、音乐形象景观于一体的城市公园，形式上包括音乐名人园、音乐艺术园、音乐故事园、音乐产业园等。典型的音乐公园如维也纳城市公园和多伦多音乐花园。其中，维也纳城市公园中建有 5 位著名音乐家的雕像，以约翰·施特劳斯拉小提琴的镀金雕像最为著名。园内还有施特劳斯纪念草地和音乐厅。多伦多音乐花园以著名作曲家巴赫的《无伴奏大提琴组曲》6 首乐曲为主题，分为 6 个主题景区，利用植物配置营造音乐意境。园内还包含两处露天音乐剧场，设有阶梯式草地的观众席。

音乐艺术景区一般是以风景名胜独特优美的自然环境为背景，创作独具特色的大型音乐歌舞表演为主景内容的艺术景区。当代中国最为著名的音乐艺术景区是桂林阳朔漓江风景区里的“印象刘三姐”歌圩景区。它以 2 公里漓江水域为舞台，12 座山峰和广阔天空为背景，综合运用现代舞美灯光、环绕立体声音响等技术，

图 2-5　桂林阳朔山水音画：印象刘三姐

将美轮美奂的民俗歌舞融入梦幻山水之中，尽情演绎漓江诗意、地域风情和山歌文化。该景区建成开放 10 多年来，每晚两场演出座无虚席，盛况不衰。

2.2　相关理论

2.2.1　音乐美学

作为一门社会科学，美学着重研究人类对自然与现实生活（特别是对艺术）的审美关系。音乐学是研究音乐所有理论学科的总称。音乐美学是美学和音乐学两门学科交叉产生的分支。它从美学角度来研究音乐中的审美规律，关注音乐的本质和内容、音乐与现实生活的关系、音乐家与欣赏者互动感受的审美机制等。从音乐美学的角度，可以剖析音乐艺术与园林艺术之间的审美关联，进而找出音乐形象在园林中表现运用的艺术方法。

2.2.2　园林艺术

园林艺术是通过风景园林的物质实体反映理想生活之美和表现造园家审美意

识的空间艺术。它包含了建筑、工程、植物、动物、书画、文学、音乐等多种艺术元素，是一定的社会意识形态和审美理想在人居环境营造形式上的综合反映。园林艺术讲究合理运用平面布局、空间组合、构图比例、形象色彩、审美节奏、材料质感等造型语言，构成富有自然生趣的艺术形象，形成充满诗情画意和优美意境的审美主体,表达特定的社会物质文明与精神文明风貌。园林艺术所追求的“师法自然”“小中见大”“得景随形”“借景随机”等创作手法，与音乐艺术有较好的兼容性。

2.2.3 音乐心理学

音乐心理学是音乐学、音响物理学与心理学交叉的新兴学科。它研究音乐与人类心理的关系、人类的音乐反应及相关行为，具体包括人的听觉对音高、音长、音色、音强、复合音、调式、调性、和谐与不和谐的反应以及对乐曲整体艺术结构的感知，音乐的心理功能（即音乐对人身心的调节，对人的情感、智力的作用），环境音乐对人生产效率的调节和对疾病的治疗效果等。

图 2-6 风景园林里的音乐主题景观——厦门园博园竖琴造型的蕴珍桥

2.2.4 环境心理学

环境心理学研究兴起于20世纪60年代，70年代后逐渐形成相对独立的学科。1978年，保罗·贝尔（Paul A.Bell）等在《环境心理学》书中对其定义为：环境心理学（Environmental Psychology）是研究人的行为、经验与人工和自然环境之间关系的整体科学。1990年，普罗桑斯基（Proshansky，Harold M.）进一步提出了环境心理学的概念，认为它是一门研究人与所处环境之间相互作用关系的学科。2015年张媛主编的《环境心理学》提出：环境心理学的研究内容主要包括环境认知，环境压力，个人空间和领域性，密度、拥挤和环境类型，环境行为，环境问题与行为对策6个方面。

2.2.5 声景观设计

声景观包括自然声音、人工声音、历史文化声音、民俗活动声音、生物运动声音等多要素内容。根据声景观类型和使用功能的不同，其各相关要素对于人产生不同的亲和度。声景观设计，就是运用声音要素对空间的声环境进行全面规划设计，强化审美空间与总体景观的协调，把风景环境中本来存在的听觉要素加以梳理、认识，并考虑视觉与听觉的平衡、协调，通过五官的共同作用来实现悦耳音响和空间景观浑然一体的艺术表现。

1920年，芬兰地理学家格拉诺（Granoe）提出“声景”一词，即以听众为中心的声环境，研究内容为人类所喜欢和讨厌的一切声音。1960年，加拿大作曲家、音乐教育家莫雷·谢弗（R. Murray Schafer）首次提出“声景观”（Soundscape）的概念：声景观是在声音世界中能够带来感性、美学和总是能够相互区分的声音现象的综合。后来，这个概念进一步形成了“声景学”理论。

2005年，清华大学秦佑国教授对声景学的研究范畴作了界定：①研究人通过视觉对环境的感知过程中声音所起的作用，即在传统景观学中引进声音及听觉感知；②研究人在特定空间倾听声音时环境所起的作用；③研究具有文化、历史意义的自然和人文环境中声音遗产的保护和留存。

作为声景观设计的理论基础，声景学的研究对象涵盖自然声、人工声、生活声、历史文化声以及通过场景设施唤醒的记忆声或联想声等。国内外现有声景观学的研究内容主要包括以下方面：①将声景观作为自然资源加以保护、维持和恢复；②运用声景观改善日益恶化的城市声环境；③通过声景观增添城市公园娱乐体验内容等方面。例如，水声是变化最丰富、最能引起人类情感共鸣的自然声音之一。在园林景观设计中可以充分运用水声来营造特殊的气氛，用不同的水景产生不同的声音效果。园林里常用的潺潺流水声，一般能带给人宁静、清新的舒适感。

声景观的设计方法有正设计、负设计、零设计三种。正设计是指添加新的声音元素，对原有声音进行优化改造，具体做法有借声、引声、补声、仿声等。负设计是指采取措施蔽除干扰性强、不和谐的声音要素。零设计是指按原状保护和保存原有的声景观，不作任何改动。

2.3 音乐主题景观的理论成果

2.3.1 国内外相关理论成果概述

本课题对国内相关文献的研究，分为音乐主题景观设计和音乐形象景观表达两个方向，分别进行检索和综述。

2.3.1.1 关于音乐主题景观设计

以“音乐”“景观”“园林”“公园”等词作为检索关键词在“中国知网”数据库上进行检索。《中国园林》自1991年至今有4篇文献与音乐公园研究关联较大，其中2篇涉及音乐和园林美学特性，分别为《音乐与造园》（刘洋，1991）、《留园空间的音乐美感》（孟凡玉，陈丹，郁建平，2007）。其中，《音乐与造园》论文探讨了音乐、自然山水以及园林之间的美学共性，并尝试将音乐的结构与表现手法运用于造园之中，在园林素材选择与组织、园林总体布局、景观表现手法等方面提出了相关设计方法。《留园空间的音乐美感》论文探讨了音乐与园林、音乐与空间的共性，解析留园中以“廊道”空间为主线，通过各种属性不断变化使音乐美感得以产生的深层原因，进而研究这种空间的卓越品质及对游人体验的丰富作用。另有2篇文献结合园林中水景的音乐特性进行景观设计分析，如《探求与实践——草暖公园设计手法的剖析》（吴劲章，卢锦源，1994）提及草暖公园中音乐喷泉的独特设计经验；《西班牙伊斯兰园林中的声景》（D. 费尔柴尔德·拉格尔斯，李倞，周薇，2015）介绍了各种伊斯兰园林音乐喷泉的形式特征以及发声原理。

与此研究方向相关的硕博论文数量不多，主题内容大致可分为四类：

①关于音乐与园林的审美共性研究，如《音乐与园林审美意境的研究》（董嘉欣，2016）、《中国古典园林艺术的音乐凝固之韵和律动之美》（邓静，2013）、《中国古典园林与中国音乐美学意蕴互映性特征初探》（龚白婷，2011）、《艺术与情感同构——园林艺术与音乐艺术的美学关系初探》（张培等，2007）等。

②关于景区旅游产品中音乐元素的开发和利用方式研究，如《森林公园音乐环境设计研究》（郭培才，2010），探讨了森林公园音乐博物馆、音乐节事、休闲音乐意境的营造、音乐旅游商品开发等方面内容；《植物园环境音乐设计研究》（樊潇潇，2011），从音乐与旅游的关系出发，研究植物园环境音乐设计方法，包括环境音乐的选择及播放形式等；《西南少数民族民间音乐文化在旅游中的传承》（常晶

晶，2009），研究了民间音乐作为旅游资源的形式及传承民间音乐文化所应具备的条件；《豫、鄂、湘三省音乐文物旅游资源开发研究》（孙媛，2013），对音乐文物旅游资源进行分类，分析其开发现状，提出音乐文物之旅的构想线路。

③关于声景观营造研究，如《声景观在城市园林中的应用研究》（房明海，2011）研究城市园林声音景观各种设计手法的实践应用，包括自然声、人工声、生活声、传统民俗声、场地特征音及园林空间中噪声的处理等诸多方面。该类研究涉及人工声中的音乐，对象主要是音乐喷泉，如《运用模糊数学理论对大雁塔北广场音乐喷泉声景观的评价研究》（王丽敏，2009）、《大雁塔北广场声景观调查及评价研究》（杨萌，2009）等。

④关于音乐空间建设研究，如《城市公共音乐空间建设研究》（李宇婷，2011）。在音乐公园空间营造方面，《成都雨水音乐花园设计研究》（刘谦，2016）对公园中音乐元素的景观设计表达的形式作了分析。

上述文献对音乐主题景观设计方向的研究内容大致可归纳为以下 5 个方面：

1. 音乐艺术与园林艺术的审美共性研究

该类研究内容的文献数量较多，约有 30 篇，多针对音乐与园林在美学方面的共性进行分析说明。有的文章论述了利用园林植物配置方式来象征音乐的节奏和韵律，如吕荣华（2000）在《园林美与音乐美》文中通过分析音乐时间与空间，以浙江林学院的园林植物景观来说明具有音乐韵律的布景形式；绿意（2001）在《花园中的优美旋律——音乐与园林》文中将音乐旋律与园林形式作比较，用不同植物景观组合来表现不同时值的音符、节拍、节奏、音量等。有的文章以中国古典园林为研究对象，分析具有音乐美感的园林景观形式，如范帆（2002）在《凝固的音乐——苏州园林艺术》文中以苏州园林为例，举例分析了园林与音乐在艺术手法上的相似性，如园林建筑上重复变化与音乐韵律感的一致性，园路曲折婉转与音乐转调的一致性等。

何英琴（2007）在《古典园林的音乐审美探析》文中，分析了园林审美与音乐审美的关系，音乐在古典园林中的作用，古典园林中音乐审美的实践等，阐述音乐在园林中不可或缺的重要地位。王磊（2009）在《音乐语言对中国古典园林的影响》文中从音乐的对称、协调、比例、重复、变换等美学形式与中国古典园林的表现形式进行类比。胡译文等（2012）在《时空交融异质同构——论中国古典园林与音乐的构筑艺术和文化审美关系》文中，从哲学意义、文化内涵、架构艺术以及审美关系等方面分析其共同点。丁艳（2005）在《“同比”古琴艺术与文人园林艺术》文中，从比较音乐学角度，以“和”为上的哲学层面、含蓄的审美特征、文人共同的精神家园及与文学艺术的联系五个方面，探讨了古琴艺术与文人园林艺术的相通点。张培等（2007）在《艺术与情感同构——园林与音乐艺术美学关系初探》文中，从审美作用机理、空间、情感表达三个方面阐述了园林与音乐艺术的内在联系，为现代园林设计提供理论与实践依据。张培等（2009）在《园林艺术与音乐艺术的比较研究》文中，从园林与音乐相比拟的基础、异质同构的理论、音乐曲式与园林空间序列安排的相似性等理性层次上来探讨园林与音乐之间的关系，以期从音乐艺术的角度来品味园林艺术。

周鹏（2013）在《园林与音乐的融合性研究》文中说明古代园林的设计结构、手法等可以在音乐中体现，二者意境也可以很好地融合。万亿（2015）在《交响乐曲式对景观空间序列组织的启示》文中对景观空间序列与交响乐曲式进行相关性对比探讨，借鉴音乐表情提出了利用景观表情带动景观意境组织，并以哈尔滨道外公园为应用案例进行景观主题与景观空间序列的规划设计。董嘉欣（2015）在《声音乐在园林艺术动静结构布局中培育立美意象与审美感知功能初探》文中，从园林审美，声、音、乐与园林美，立美意象、动静布局、审美作用机理与感知功能等方面分析梳理园林与音乐的内在联系。谢洁（2015）在《中国古典园林艺术的音乐凝固之韵和律动之美》文中，基于中国古典园林的艺术之美以及园林美与音乐美之间的关系对中国古典园林艺术的音乐凝固之韵和律动之美进行了探讨。

2. 江南园林营造与昆曲艺术的关系研究

江南园林与昆曲有着不可分割的美学联系。中国自明中叶以来，江南园林发展鼎盛，缙绅们在兴建园林的同时，大多也豢养昆曲家班，于宴饮会客之时声歌消遣。在长达600多年的历史中，私家园林见证了昆曲的兴盛历程，承载了丰富的昆曲文化遗存。明清时期江南私家园林堪称昆曲兴盛的“文化空间”。

文献检索结果表明，约有30多篇研究论文对昆曲和园林的关系进行了探讨，如谢柏梁、王燕（2005）《苏州园林与昆曲》，李妍（2009）《苏州园林和昆曲的共通美学价值》，李祎（2012）《苏州园林与昆曲舞台》，宋金宸（2013）《昆曲与苏州园林的交融美》，苏婧（2013）《昆曲与苏州园林艺术共性研究》，陈从周（2014）《园林美与昆曲美》，康红涛、刘良杰、陈立德（2014）《园曲同构诗情画意——补园造园艺术研究》等。其中，我国著名的古建筑园林专家陈从周先生在《园林美与昆曲美》文中，谈及“园与曲有不可分割的关系。不但曲名与园林有关，而曲境与园林更相互依存，有时曲境就是园境，而园境又同曲境”，“花厅、水阁都是兼作顾曲之所，如苏州怡园藕香榭，网师园濯缨水阁等”，“在形的美之外，还有声的美，载歌载舞”。

此外，康红涛、刘良杰、陈立德在《园曲同构诗情画意——补园造园艺术研究》文中，谈及补园（苏州拙政园的西花园，旧称“补园”）的造园风格受到昆曲影响。“补园不仅山水空间美丽如画，而且其园林建筑还是昆曲表演的重要场所”。“补园主体建筑——鸳鸯厅本身就是为了昆曲演出而建，建筑上部做成连续四卷的卷棚顶以增加音质效果，四角设置耳房不仅可以供人休息，也可作为表演活动的临时后台，同时还可以阻挡寒风”。

3. 中国古典园林的声景观营造技艺研究

在中国古典园林中，有不少著名的“声景观”，如“万壑松风”“烟寺晚钟”“蕉窗听雨”“屏山听瀑”等，其中蕴含着许多体现声音意境美感的景观营造技艺。随着现代西方“声景学”理论的引进，国内业界也逐渐开始重视“声景”“声境”“声音意境”等研究内容。如朱晓霞（2006）在《声之韵——中国园林中声境的营造与传递》文中，通过对园林意境的内涵分析，从风声、雨声、水声等自然之声和丝竹管乐声、梵音钟声等非自然之声方面，研究中国园林中声境的营造与传递，揭示中国园林中的声境之美。张宇（2011）在《中国园林中的聆赏意识初探——以韵琴斋为例》文中，分析园林声环境中的乐音与天然声，并以北京北海韵琴斋为例进行剖析，说明声环境设计的重要性。胡兰贞，李荣华，李小勇（2012）在《浅说中国古典园林声境美》文中，结合诗词记载，对中国古典园林中的风声、雨声、水声、琴声等美妙声境营造加以论述。其他相似研究内容的文章还有：《声景在中国古典园林中的运用》（程秀萍，裘鸿菲，周雯文，2007）、《中国古典园林声景观

图 2-7　苏州桃花源精品社区中的音乐主题景观

图 2-8　无锡太湖拈花湾景区的音乐雕塑景观

的三重境界》（袁晓梅，吴硕贤，2009）、《中国古典园林中的声景营造》（孙崟崟，张召，2012）、《园林中声境的应用》（丁显成，2014）、《苏州拙政园声景构成研究》（徐荣荣，雍振华，2016）等。

4. 风景园林环境中观演空间的营造研究

在中外园林发展的不同历史阶段，其内部观演空间呈现出不同的形式特点：古典园林的戏曲舞台，现代公园的露天剧场、音乐草坪等。相关的研究内容有古典园林中戏曲舞台的布局设计、近代园林的音乐会场所历史研究等。在古典园林戏曲舞台的布局设计方面，邱德玉（2003）在《古典园林与戏剧音乐》文中探讨了古典园林里多种戏剧舞台的形式、音乐聆听空间以及园林景物与戏剧的关系。樊路遥（2016）在《中国古典园林与戏曲舞台空间布景的共通性》文中对园林与戏曲舞台空间布局的层次、置陈布势的常用手法和艺术性进行了共通性研究。在近代园林的音乐会场所历史研究方面，王艳莉、阮洋（2011）在《哈尔滨城市公共空间的建构——基于"哈响"与城市音乐空间关系之研究》以及王艳莉（2013）在《20 世纪上半叶上海公共娱乐空间研究——以租界的公园、剧院为中心》两篇文章里，分别介绍了20世纪初哈尔滨、上海两地音乐会的主要举办场所概况，并重点阐述了在公园里举办夏季露天音乐会的情况。

5. 当代城市音乐主题公园营造实践研究

2011年“成都东区音乐公园”建成，被誉为“中国第一个音乐主题公园”。它是一个结合音乐元素对老工业区环境进行改造设计而建设的音乐文化产业园。已有一些文献针对该音乐公园的改造设计、运营模式、遗产保护等方面进行研究，如《成都东区音乐公园》（陈春林，2012）、《成都东区音乐公园设计》（杨鹰，2012）、《成都东区音乐公园改造思路及设计研究》（唐毅，2012）、《老工业区改造与发展——成都东区音乐公园为例》（刘凯，关保华，2016）等。

2.3.1.2　关于音乐形象景观表达

在音乐形象景观表达方面，以“音乐形象”“听觉形象”“音乐”“视觉”“可视”等关键词进行检索，得到的文献涉及领域很广，包括美术、计算机、音乐等。挑选与园林造景方法有关的研究内容进行分类，归纳有以下4个方面：

1. 结合计算机运用的音乐可视化技术，如孙丹鹏和刘远华（2012）在《基于Flash的音乐可视化描述与表达应用》文中对音乐信息可视化问题进行了分析探讨，提出利用Flash提供的类方法与属性，创造听觉与视觉艺术相结合的音乐信息可视化描述与表达内容。徐富清（2014）在《简谱运动与音乐的联系及其可视化》文中分析了简谱运动与音乐的联系，并采用MATLAB软件尝试将音乐形象作可视化表达。

图2-9　无锡太湖拈花湾景区禅乐馆

图 2-10　成都东区音乐公园入口景观

2. 音乐形象在绘画艺术中的表达，如李金霞（2010）在《论音乐艺术中的绘画性因素》文中探讨了音乐艺术中绘画性因素的构成与体现，以及音乐艺术与绘画艺术在美学观念上的统一性。申波（2003）在《视与听的交融——音乐与绘画的文化同构研究》文中分析了音乐与绘画的线条特征、色彩效应、同构组合、象征绘画的音响动态、地域文化背景中的音画风格等。类似的文献还有杨朗（2004）《音乐中的绘画语言》、田卫平（2000）《音乐与绘画的对照》、刘雅丽（2009）《音乐与绘画的比较研究》、丁昕春（2013）《论音乐与绘画在"色彩"上的共通性》、王将伟（2013）《浅析抽象绘画中的音乐性审美》等。

3. 音乐电视作品中的音乐形象特征和音乐可视化方法研究，如杨晓鲁（2000）在《声乐作品在音乐电视（MTV）中的视觉转换》一文中分析了声乐作品（流行、艺术、民族）类型的 MTV 画面设计。高瑜，刁化娜（2010）在《动画与音乐》一文中论述了音乐的三个属性（表情性、时代性、民族性）以及音乐属性与动画的关系（表情性突出动画主题、时代性刻画故事时代感、民族性揭示地域特征）。

4. 针对音乐构成要素的可视化技术与设计研究，房婷和蒋达（2013）在《基于信息图形设计的乐谱可视化探究》文中，通过信息图形设计的方法提取音乐中乐谱的图形信息进行图片设计，在色彩和大小方面重新编排，使抽象的声音变得可视可触。庞蕾（2013）在《从音乐到视觉转换的途径与方法》文中，通过解读音乐的元素、结构、风格与流派，分析音乐与视觉领域的共通性，探寻从音乐到视觉转换的途径与方法，发掘视听转换的各种可能方式。

综上所述，我国音乐类园林景观建设大致经历了以下几个发展阶段：

①唐宋时期，喜好琴乐的达官贵人、文人墨客在建设私家园林时，专门建设“琴室”“琴房”用于琴乐演奏和欣赏音乐。

②元明清时期，江南兴起昆曲，缙绅们在兴建园林时也建设“花厅”“露台”供昆曲表演；同时在皇家园林里营造较大规模的戏台建筑，用于重大庆典活动时的戏曲表演。

③民国时期，沿海、沿边的一些开放城市（如上海、天津、青岛、大连、哈尔滨等）受西方文化渗入的影响，利用公园的大草坪举办室外交响音乐会，在草坪上多建有音乐表演台。

④新中国成立后，各地城市陆续营造了一些以音乐名人为主题的纪念性园林。原先坐落在城市里的封闭式剧院开始探求改善建筑与自然的关系，通过绿化和造园将建筑融于园林环境，形成风景优美的构图。20 世纪 80 年代后，随着国家改革开放不断深入和城市建设的迅速发展，园林空间里的露天剧场得到广泛应用，各种群体性的社会音乐活动普遍在户外开展，音乐喷泉、音乐烟花、音乐灯光、山水实景音画等声光电组合型音乐主题景观相继出现并应用在风景园林中，大大丰富了音乐主题景观的表现技术。尤其是一些以音乐为主题的城市公园应运建成，通过音乐雕塑、音乐喷泉、音乐空间、音乐活动等形式来表达音乐主题。

从现有国内期刊文献的检索情况来看，能与本书专题研究内容直接相关的报道很少。但是，对音乐与园林的审美共性、园林声景观等研究的文献数量较多。例如，一些文献针对 2011 年建成的成都东区音乐公园作了较为深入的研究，内容包括园林规划设计、工业遗产保护、旅游经济、音乐产业等方面。与音乐主题景观相关联的专业应用技术（如音乐喷泉、LED 音乐彩灯等）也有不少研究文献，但多数与风景园林艺术造景无直接关联。

在国外文献检索研究方面，以“music”“park”“garden”“landscape”等单词作为检索关键词在“Web of Science”和“Science Direct”两个外文数据库上进行检索，得到的结果为：

外文期刊中影响因子较高的 Landscape and Urban Planning 杂志约有 10 篇以上相关文献，主要内容是有关含音乐在内的声景观研究。如 Assessment of aesthetic quality and multiple functions of urban green space from the users' perspective：The case of Hangzhou Flower Garden，China（Bo et al.，2009）一文，综合评价了城市绿地的审美质量（视觉、听觉、触觉、嗅觉等），并对公园风景进行了系统的模拟评价。Spatiotemporal variability of soundscapes in a multiple functional urban area 一文，基于德国罗斯托克市的一个场地中不同声音元素的感知响度分析，研究城市音景

在不同尺度范围如何变化以及如何与潜在的景观相联系（Liu et al., 2013）。

其他期刊的研究论文约有 20 篇以上，涉及声景、音乐、景观、花园、环境等内容，期刊类型主要有声学类、电子信息类、环境学类和医学类。相关研究内容主要包括 4 个方面：

①声景理论及其应用，该部分内容研究文献较多，如 A Review of soundscape studies in Japan 一文中，论述了声景的概念、声景的园林应用案例以及声景研究未来的方向（Hiramatsu, 2006）。Ren X. 与 Kang J. 在 Effects of the visual landscape factors of an ecological waterscape on acoustic comfort 一文中，研究了在生态水景中的声景与景观要素之间的关系（Ren et al., 2015）。

②公共空间背景音乐对人体健康的影响，如 Jomori, I 等人在 Effects of emotional music on visual processes in inferior temporal area 文中，探讨了音乐情感对视觉过程的影响，并得出音乐的情感内容可以改变视觉过程的结论（Jomori et al., 2013）。Sturmberg, J. P. 等人在 Music in the park: An integrating metaphor for the emerging primary (health) care system 文中，阐述音乐使得公园健康系统更加丰富，并且吸引了更多的参与者（Sturmberg et al., 2010）。

③运用电子信息技术让音乐与景观相结合，如 Bestor C. 在 MAX as an overall control mechanism for multidiscipline installation art（Bestor, 1993）文中，研究如何运用 MAX 技术使音乐与雕塑相结合，形成新型装置艺术景观。Ono A. 和 Schlacht I.L. 在 Space art: Aesthetics design as psychological support 文中，探索了空间发展背景下音乐艺术和设计的可能性（Ono et al., 2011）。

④声音对环境的影响，如 Zhou Z.Y. 等人在 Factors that influence soundscapes in historical areas 文中，通过对哈尔滨城市声景的研究，认为声学满意度的影响因素与温度、湿度、园林绿化等因素相关（Zhou et al., 2014）。Cerwen G 等人在 The role of soundscape in nature-based rehabilitation: A patient perspective 文中，研究声音如何影响病人的行为和经验以及声音景观对于自然康复的作用（Cerwén et al., 2016）。

从国外期刊文献的相关研究情况来看，研究方向多关注于声景理论和实践，研究内容涉及音乐对景观空间的影响。此外，加拿大多伦多音乐花园的营造也受到较大关注，有些文章对其设计构思、形式特点、相关背景故事作了阐述。

总体而言，尽管国内外一些城市已经建设了若干音乐主题公园，产生了与音乐艺术相结合的园林景观类型，但相关的理论研究还停留在感性的美学认识层面，尚未有论著对其营造规律进行总结，更没有人提出相关设计理论来指导设计。不过，有关声景学理论的探讨也引发了部分学者对音乐主题景观的研究兴趣，产生了一些论文成果。在我国，结合音乐的园林景区建设正处于初创时期，实践上急需有效的理论指导和建设规范，渴望在该领域的学术研究能取得突破。

2.3.2 音乐形象的景观表达方式

该专题研究的大部分文献来自计算机、美术、音乐等专业期刊，主要内容包括计算机的音乐可视化技术研究、艺术设计中音乐元素视觉化研究、声光一体化表现、景观设计研究三个方面。

2.3.2.1 计算机的音乐可视化技术研究

随着计算机技术的发展，产生了各种音乐可视化的电子系统。所谓“音乐可视化”，就是将音频信息转化为动态变化的图形、图像等视觉景观的技术方法。目前，已有不少与计算机技术相关领域的文献都探讨了音乐可视化方法。如孙丹鹏，刘远华（2012）在《基于 Flash 的音乐可视化描述与表达应用》文中，提出利用 Flash 提供的类方法与属性创造听觉与视觉艺术相结合的音乐信息可视化描述与表达。孙博文等（2012）在《基于多音轨 MIDI 主旋律提取的音乐可视化表达》文中，以 MIDI 音乐为研究对象，将表达音乐主旨设为前提，提出了一种基于主旋律提取的音乐可视化表达方法。再如《为音乐而设计——视觉音乐中的图形探索》（覃钰斐，2011）、《基于中国传统音乐的视觉化设计研究与实践》（谢辉敏，2014）、《中国传统音乐的动态视觉化表达研究》（甄晓通，2016）等文献，从不同角度探讨了音乐可视化技术。

2.3.2.2 艺术设计中音乐元素视觉化研究

有些研究者从动画创作、平面设计等艺术设计角度考虑如何将音乐转化为可视的艺术作品。如房婷等（2013）在《基于信息图形设计的乐谱可视化探究》文中，通过信息图形设计方法提取音乐中乐谱的图形信息进行图片设计，在色彩和大小方面重新编排，使抽象的声音变得可视可触。庞蕾（2013）在《从音乐到视觉转换的途径与方法》文中，分析了音乐与视觉艺术的共通性，尝试将音乐元素转化为相似的点、线、面构成的图形。覃钰斐（2011）在《为音乐而设计——视觉音乐中的图形探索》文中，通过给抽象的音乐赋予形象和代码，将一系列音符的“物理声音”和“情感声音”进行特殊的视觉实现。朱吉虹（2010）在《音乐元素在视觉艺术作品中的应用方法探讨》文中，分析了音乐与视觉艺术设计作品的共通性，并从通感的角度将音乐可视化的方法归纳为三种——直接关联、形式关联和情感关联。其他相关文献还有《音乐的视觉化阐释——以动画音乐审美为例的视觉性问题研讨》（陈芸，2012）、《联觉与转换——论音乐类视觉传达设计语言》（陈莉莉，2004）、《音乐艺术的视觉传达研究》（门琳，2012）等。

2.3.2.3 声学景观研究：声光一体化表现景观设计研究

还有一些文章针对音乐如何与喷泉技术和灯光技术结合，形成优美的音乐喷

图 2-11 广东河源巴伐利亚景区里的音乐景观

泉、音乐灯光等景观形式进行研究。如《基于音乐情感识别的灯光表演方案设计》（郭强，2010）、《音乐频率幅度彩灯指示器的设计与实现》（崔鸣，尚丽，2011）、《基于音乐特征识别的音乐喷泉计算机辅助设计系统》（刘丹等，2003）等。

2.3.3 展现乐韵的园林设计探索

据文献研究，与音乐艺术表达直接相关的园林设计研究，主要集中在音乐与园林艺术审美共性、风景园林中的声景观技艺、新型音乐主题公园的营造等方面。

2.3.3.1 音乐与园林艺术审美共性

《中国园林》期刊中有2篇文献涉及该研究内容，分别为《音乐与造园》（刘洋，1991）、《留园空间的音乐美感》（孟凡玉，陈丹，郁建平，2007）。《音乐与造园》一文探讨了音乐、自然山水和园林之间的美学共性，尝试将音乐的结构与表现手法运用于造园之中，在园林素材选择与组织、园林总体布局、景观表现手法等方面提出了相关设计方法。《留园空间的音乐美感》一文分析了音乐与园林、音乐与空间的共性，解析留园中以“廊道”空间为主线，通过各种属性不断变化使音乐美感得以产生的深层原因，进而研究这种空间的卓越品质以及对游人体验的丰富作用。

其他相关文献，主要从音乐艺术和园林艺术二者的构成、特点、意境表达等多个方面进行探讨。如《艺术与情感同构——园林艺术与音乐艺术的比较研究》(张

图 2-12　梵音风铃

培等，2009），从园林与音乐相比拟的基础、异质同构的理论、音乐曲式与园林空间序列安排的相似性等理性的层次上来探讨园林与音乐之间的关系；《园林与音乐的融合性研究》（周鹏，2013），论述了古代园林的设计结构、手法等可以在音乐中体现，二者意境也可以很好地融合。

有些硕士论文对该方向也作了研究，如《艺术与情感同构——园林艺术与音乐艺术的美学关系初探》（张培，2007）、《中国古典园林艺术的音乐凝固之韵和律动之美》（邓静，2013）、《音乐与园林审美意境的研究》（董嘉欣，2016）等。其中，周鹏的硕士论文《园林与音乐的融合性研究》与本书研究专题的联系较大。该论文按历史时期分析了古代园林与音乐的结合，包括皇家园林与宫廷音乐、私家园林与昆曲、意大利园林与文艺复兴时期音乐、法国园林与古典主义时期音乐等，主要针对同一时期的园林与音乐相似的美学特点进行讨论。其次，论文介绍了现代园林中的一些新型音乐主题景观，如音乐喷泉、实景音乐剧、园林音乐会等，说明音乐可以结合园林景观进行演绎。

图 2-13　无锡太湖拈花湾景区妙音台

2.3.3.2 风景园林中的声景观技艺

风景园林中的声景观研究大致上包含两类：

一类是对中国古典园林中诸如“万壑松风”“烟寺晚钟”“蕉窗听雨”“屏山听瀑”等许多体现声音意境美感的研究。如《声之韵——中国园林中声境的营造与传递》（朱晓霞，2006），在园林意境内涵分析的基础上，从风声、雨声、水声等自然之声和丝竹管乐声、梵音钟声等非自然之声等方面考察，研究中国园林中声境的营造与传递，揭示中国园林中的声境之美。《中国园林中的聆赏意识初探——以韵琴斋为例》（张宇，2011），分析了园林声环境中的乐音与天然声，并以北京北海韵琴斋为例进行剖析，说明声环境设计的重要性。

另一类是随着西方学者“声景观”理论概念的产生，对公园和景区里的“声景”“声境”“声音意境”等方面的研究。如《西班牙伊斯兰园林中的声景》（D. 费尔柴尔德·拉格尔斯，李倞，周薇，2015），介绍了各种伊斯兰园林音乐喷泉的形式特征及其发声原理。

此外，还有《声景在中国古典园林中的运用》（程秀萍等，2007）、《中国古

图 2-14 成都东区音乐公园酒吧门面景观

典园林中的声景营造》（孙鉴鉴，张召，2012）、《园林中声境的应用》（丁显成，2014）等论文，从不同角度探讨了风景园林中的声景观技艺。

2.3.3.3 新型音乐主题公园的营造

2011年，成都东区音乐公园建成开放。它是一个结合音乐元素对工业旧区改造设计而成的音乐文化产业公园，被誉为“中国第一个音乐主题公园”。有不少文献对该音乐公园的改造设计、运营模式、遗产保护等进行了分析研究，对其巧妙地利用工业遗产地进行“后工业景观”改造的成果给予了积极评价，提出这是我国许多大中城市可借鉴的老工业厂区活化新生模式之一。相关文献有如《成都东区音乐公园》（陈春林，2012）、《成都东区音乐公园设计》（杨鹰，2012）、《成都东区音乐公园改造思路及设计研究》（唐毅，2012）、《老工业区改造与发展——成都东区音乐公园为例》（刘凯，关保华，2016）等。

图2-15　成都东区音乐公园音画车间内景

图 3-1　南宋马远《深堂琴趣图》

第3章　音乐形象的景观表达

3.1　音乐艺术的关联形式

3.1.1　音乐与相关艺术之间的关联

3.1.1.1　音乐形象在文学、绘画、建筑艺术中的表达

自古以来，中国文学作品中就有通过文字来刻画与音乐相关的艺术形象。一些古代诗词栩栩如生地描绘了音乐演奏场景，如唐朝诗人白居易在《琵琶行》中写道："大弦嘈嘈如急雨，小弦切切如私语。嘈嘈切切错杂弹，大珠小珠落玉盘。"生动地刻画出琵琶女高超的弹奏技艺。他的另一首诗作《夜筝》："紫袖红弦明月中，自弹自感暗低容。弦凝指咽声停处，别有深情一万重。"描绘了女子月夜弹筝的深情画面。唐朝诗人李白的《听蜀僧浚弹琴》："为我一挥手，如听万壑松。"描绘自己在僧人出神入化的琴艺中产生的无限联想。还有一些名人诗词描绘了"雨打芭蕉""枯荷听雨"等园林中天籁之声的意境，如白居易的《夜雨》："隔窗知夜雨，芭蕉先有声。"李商隐的《宿骆氏亭寄怀崔雍崔衮》："秋阴不散霜飞晚，留得残荷听雨声。"等。有些作品专门描绘乐器的特点，如顾况的《笙》、王磐的《朝天子·咏喇叭》等。此外，中国古代文人雅集时多有弹琴和吟诗作画，写得"琴文""琴诗""琴赋""琴书"等，抒发对琴的赞颂。例如，魏晋时期"竹林七贤"的精神领袖嵇康，通晓音律，尤爱弹琴，著有音乐理论著作《琴赋》《声无哀乐论》。他主张声音的本质是"和"，合于天地是音乐的最高境界，认为喜怒哀乐从本质上讲并不是音乐的感情而是人的情感。嵇康在《琴赋》中写道："若余高轩飞观，广夏闲房，冬夜肃清，朗月垂光……。"描绘他弹琴时的清雅环境。"纷淋浪以流离，奂淫衍而优渥。

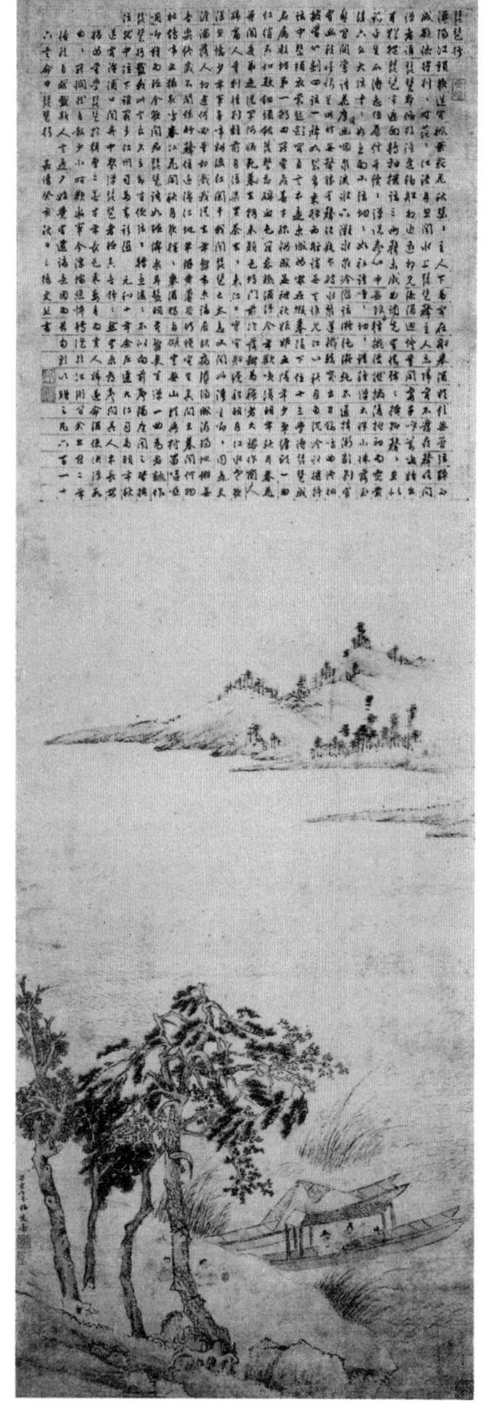

图3-2　明代文嘉《琵琶行图》轴

图 3-3　北宋赵佶《听琴图》

灿奕奕而高逝，驰岌岌以相属。沛腾遌而竞趣，翕韡晔而繁缛。状若崇山，又象流波，浩兮汤汤，郁兮峨峨，怫悁烦冤，纡余婆娑。”描绘精妙指法创造的高山流水意境。再如白居易的数首琴诗《对琴待月》《听弹古渌水》《和顺之琴者》《朝课》等，均描绘了琴乐与山水风月交融的审美意象。

绘画同样可以表现出音乐形象。中国文人画中多有“听琴图”，如东晋顾恺之的《斫琴图》、南宋马远的《深堂琴趣图》、宋徽宗赵佶的《听琴图》、元代赵孟頫的《松下会琴图》、明代画家唐寅《听琴图》、清代画家梁橙里的《十二山楼听琴图》、清代王翚的《一梧轩图》以及近代画家张大千的《松阴听琴图》等，它们描绘了文人雅士于私家园林或山间林下弹奏古琴雅集的画面。西方印象主义画家也有利用点线面及色彩等视觉要素将音乐转换为抽象色彩的图画，如荷兰画家蒙德里安的《百老汇的爵士乐》；俄国画家康定斯基的《构图第 8 号》《圆之舞》《小重音》《二分音符》《练习曲》《和声》等；还有中国画家罗铮的《春之祭》《天方夜谭》《“月光”钢琴奏鸣曲》[1] 等。这些绘画与同类音乐作品在情感体验上形成了共鸣。

在艺术界，建筑常被誉为“凝固的音乐”，音乐也被称为“流动的建筑”。其内在含义，在于建筑艺术和音乐艺术具有和谐稳定的数字化美学关联。例如，当建筑物在尺度与布局上符合一定的比例关系时，就能在感觉上产生类似音乐的韵律感和节奏感。

我国著名建筑学家梁思成教授在《建筑和建筑的艺术》文中曾写道：“建筑的节奏、韵律，有时候和音乐很相像。例如一座建筑，由左到

1.《春之祭》《天方夜谭》《“月光”钢琴奏鸣曲》分别代表斯特拉文斯基、里姆斯基克萨夫、贝多芬的同名音乐作品。

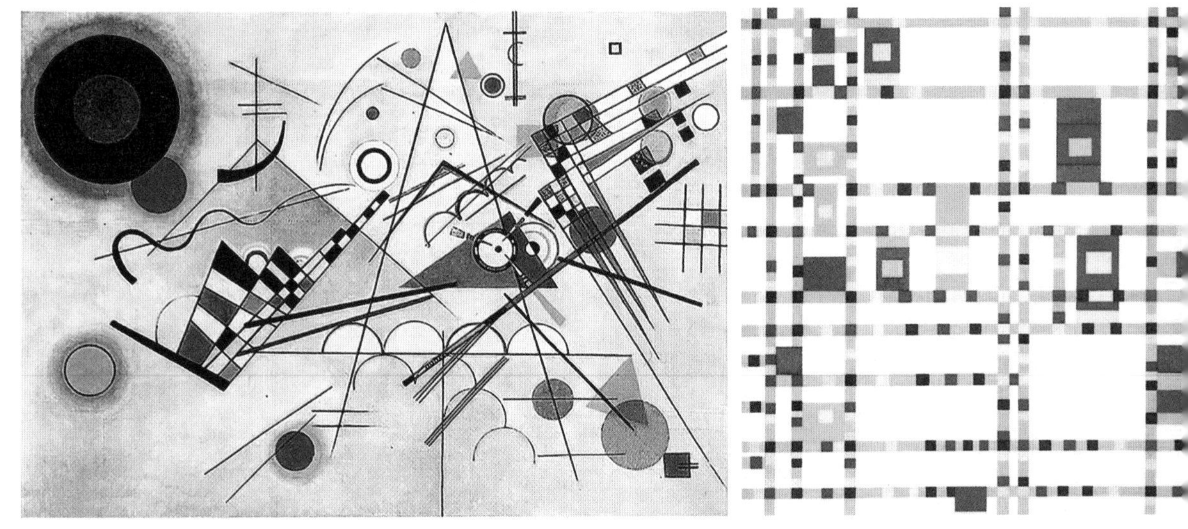

图 3-4　康定斯基《构图第 8 号》

图 3-5　蒙德里安《百老汇的爵士乐》

右或者由右到左，是一柱，一窗；一柱，一窗地排列过去，就像‘柱，窗；柱，窗；柱，窗；柱，窗……’的 2/4 拍子。若是一柱二窗的排列法，就有点像‘柱，窗，窗；柱，窗，窗……’的圆舞曲。若是一柱三窗地排列，就是‘柱，窗，窗，窗；柱，窗，窗，窗……’的 4/4 拍子。”

建筑还是音乐表演活动的重要空间载体，如中国古典园林中琴室、戏台；现代城市空间中的音乐厅、剧院；城市公园中的音乐亭、音乐台、露天剧场等。这些音乐建筑大多具有良好的声学结构，能使音乐演奏更加美妙动听。同时，建筑外观设计多取材于仿生音乐形象，如维也纳音乐厅的屋顶矗立着许多音乐女神雕像，珠海音乐厅与歌剧院的外观形似传递海之乐音的美妙贝壳，广州星海音乐厅的外观形如一架优美的钢琴，音乐厅内还有冼星海、聂耳、阿炳，巴赫、莫扎特、贝多芬等中外音乐家的青铜浮雕墙。

3.1.1.2　园林与文学、绘画、建筑艺术的联系

风景园林是综合了文学、绘画、建筑等艺术的综合艺术。园林中的景题、碑刻、石刻、砖刻，建筑匾额、楹联等多采用历代名人的诗词作品，如苏州拙政园“荷风四面亭”“与谁同坐轩”“三十六鸳鸯馆”“留听阁”“听雨轩”等景题。再如苏州沧浪亭石柱上镌刻的对联“清风明月本无价，远山近水皆有情”，苏州网师园濯缨水阁有清朝书法家刘墉题宋代文同的“雨后双禽来占竹，秋深一蝶下寻花”的诗句。园主用这些诗词来升华园林意境，同时也表达自己的人格与追求。

中国传统山水画描绘自然山水注重写意性，园林营造则讲究将自然山水囊括在“咫尺山林”之中，创造“虽由人作，宛如天开”的审美境界。园林的营造与绘画的创作相似，追求虚空境界。园林设计还强调“步移景异”，每一步景都是一

图 3-6　广州星海音乐厅

图 3-7　日月贝——珠海音乐厅与歌剧院景观

幅由亭台楼阁、山水花木构成的三维立体画，不断移步就变成了连续的山水画卷。如颐和园“画中游”景点，相传其构思源自乾隆皇帝梦境中游览的图画，再将画景建在万寿山的西部。依山而建的建筑群错落有致，风景如画；登阁凭眺，漫步游廊，如同置身画中。此外，中国古典园林的厅堂建筑中多悬挂字画作为点缀，直观地表现园主的雅趣。

建筑作为园林的营造要素之一，多用于造景点缀，也供人游憩和观景。常见的园林建筑有亭、榭、廊、阁、轩、楼、台、舫、厅、堂等，它们在形式上通透雅致，如同一件件精雕细琢的艺术品。园林建筑的营造讲究因地制宜，与山水地形相宜，与花卉草木相衬；其平面布局和空间序列为园林提供了丰富的观景路线。通过建筑的内外空间交汇及虚实明暗转换，达到人工与自然交错，创造不同的情感体验。

3.1.1.3　音乐形象与景观形式的联系

风景园林在音乐形象的表达上，不仅借鉴了文学、绘画、建筑等艺术的表达手法，也有自己独特的构景方式。通过相邻艺术之间的类比，可以看出园林景观与音乐形象关系最为密切的两类：一类是音乐类诗词与园林声景共同构成的音乐意境景观，如苏州拙政园的“留听阁”“听雨轩”，无锡寄畅园的“八音涧”等。另一类是琴室、戏台等音乐类建筑与音乐活动构成的音乐游赏景观，如苏州退思园的“琴房”、怡园的“石听琴室”、拙政园的“三十六鸳鸯馆”等。

3.1.2　音乐与园林共通的艺术特征

音乐与园林都具有艺术的基本特征，即形象性、主体性、审美性。形象性是客观与主观、内容与形式、个性与共性的统一；主体性表现在从艺术创作到艺术欣赏全过程中呈现的审美主体同一性；审美性是指艺术不仅是人类审美意识的集中体现，也是内容美与形式美相统一的结晶。

音乐艺术与园林艺术在遵循艺术普遍法则的同时，也遵循自身的发展规律。音乐最基本的构成要素是乐音，它是由发声体在不同频率下的振动所产生。不同发声体可以发出不同音色的乐音。将乐音按照一定的法则（如节奏、旋律、和声、力度、速度、调式、曲式、织体等）有规律地组织在一起，就形成了优美悦耳的音乐。园林最基本的构成要素是山、水、植物和建筑，运用一定的造园法则（如因地制宜、巧于因借、欲扬先抑、步移景异、小中见大等），通过筑山、叠石、理水，种植树木花草，营造建筑和布置园路等途径创造出美丽的游憩生活环境。

在音乐与园林不同的创作法则之间，有些艺术手法可以产生相似的审美效果，如音乐曲式与园林游线之间的审美相似性。音乐曲式即音乐的结构形式，如西洋古典乐的大型曲式包括变奏曲式、回旋曲式、奏鸣曲式。不同的曲式有不同的音乐特点。例如，变奏曲式的主题和旋律会发生一系列变化，回旋曲式的基本主题旋律会反复出现。这就好比现代的园林博览园，往往包含了不同国家和地区的主题园，每个主题园都呈现出一种风格和样式，令人目不暇接，仿佛音乐的变奏曲式。而古典园林一般小巧精致，令人在回游漫步间体会丰富景致，如同音乐的回旋曲式。音乐的节奏韵律与园林的植物配置形式也具有审美相似性。现代园林的植物配置

图 3-8 颐和园“画中游”景点——依山而建的建筑群错落有致，风景如画；登阁凭眺，漫步游廊，如同置身画中

多按一定的几何形态来布景，体现出节奏和韵律。如同一品种植物等距种植，不同品种植物交替种植，同种或者数种植物在立面层次的林冠线或平面层次的天际线有规律地起伏变化等，都会带给人独特的节奏感和韵律感。

此外，音乐主要是通过人类听觉系统感知到的时间艺术，而园林主要是通过视觉直观呈现的空间艺术。它们虽有不同，却具有时空上的联系。音乐主要作用于人的听觉空间和心理空间，其中听觉空间可通过音响变化让人感知远近、上下、前后等空间关系的存在；心理空间可通过联想构建音乐故事场景。园林中有静景和动景，静景可随人步移景异，宛如一幅移动的风景长卷；动景是由四时或四季的气象及植被生长变化而呈现的不同景观，因而也具有时间艺术的特点。

3.2 音乐的风景园林意象

3.2.1 古琴乐曲中的风景园林意象

中国古琴多选用自然景象来命名，如广东四大名琴分别名为“绿绮台”“春雷”“秋波”“天蚼（蠁）”。其他的还有“松雪”“振玉”“都梁”“啸月”“谷响”“中和”等。古琴曲多为描绘清风明月、松涛泉声、兰香鸟语等风景园林审美意象，如《流水》《平沙落雁》《渔樵问答》《潇湘水云》《醉渔唱晚》《梅花三弄》《阳春白雪》等名曲。这些乐曲通过音乐语言来模仿自然风景的特点及流水、飞鸟、落花的声音，听者通过音乐旋律与曲名暗示联想到丰富的画面，甚至有身临其境之感，如乐曲《流水》以“滚、拂、绰、注”等手法模仿流水声；《平沙落雁》曲调悠扬流畅，通过起伏变化的旋律来表现时隐时现的雁鸣和雁群降落前在天空盘旋顾盼的情景。在乐曲《渔樵问答》中，采用上升和下降的变调来表现渔父和樵夫的对话，以上升的曲调表示问句，下降的曲调表示答句，并通过飘逸潇洒的旋律表现出渔樵之人悠然自得的神态。乐曲《阳春白雪》以清新流畅的旋律、活泼轻快的节奏，生动表现了冬去春来、大地复苏、万物欣欣向荣、生机勃勃的初春景象。

从史书记载的内容上看，古琴曲之所以多描绘自然景象，可能与古琴的演奏场所有关。许多琴书上描述了弹琴的适宜环境，如明代胡文焕的《文会堂琴谱》中记载：“琴有十四宜弹，遇知音，逢可人，对道士，处

图 3-9　清代梅清《高山流水图轴》

高堂，升楼阁，在宫观，坐石上，登山埠，憩空谷，游水湄，居舟中，息林下，值二气清朗，当清风明月。”再如屠隆《考盘余事》云：“幽人逸士或于乔松修竹，岩洞石室，清旷之处，地清境寂，更有泉石之胜，则琴声愈清。”可见中国古代琴书所指的“适宜环境”，要求融山水花木、高堂楼阁、清风明月等自然与人文景象为一体。于是，私家园林或风景名胜地便成为文人雅士弹琴之所的首选。现代古琴艺人为了遵循传统演奏境界，也多选择在园林或者拟园林的舞台进行演奏。优美的风景园林不仅为古琴演奏创造了清雅美好的环境，也为乐曲表意提供了天然素材。

3.2.2 传统戏曲中的风景园林意象

元代杂剧是在前代戏曲艺术宋杂剧和金院本的基础上发展起来的一种戏剧样式，其历史地位可与唐诗、宋词、明清小说并称。元代以爱情为题材的杂剧故事，多发生在才子佳人的私家花园中。因此，元代戏曲中包含了许多风景园林意象。

例如，元代戏曲家王实甫的《西厢记》，主人公张生与崔莺莺的爱情故事主要发生在蒲州古城普救寺与崔家后花园。戏曲借人物的言语及诗词来描绘园景：“待月西厢下，迎风户半开；扶墙花影动，疑是玉人来。”“雪浪拍长空，天际秋云卷。”“花

图 3-10　苏州网师园中飘然欲仙的古琴乐舞

影重叠香风细，庭院深沉淡月明。”张生西厢抚琴，崔莺莺隔墙聆听，好一幅园林里幽婉动人的音乐景观。此类杂剧作品，还有白朴的《墙头马上》《东墙记》、乔吉《金钱记》等。

明中叶以后，以昆曲为首的戏曲在江南十分盛行，同时期民间造园活动也空前繁荣，园林为戏曲表演提供了理想的场所。文人笔下的戏曲作品受到表演场所的园林环境影响，在作品中蕴含了园林艺术的形象。例如，明代戏曲家兼造园家李渔的《笠翁十种曲》，每部都含有对园林楼阁的描写。曲目之一《怜香伴》的故事发生在雨花庵（寺观园林），

图 3-11　苏州网师园中诗意盎然的古琴演奏

图 3-12　崔家后花园听琴（人民美术出版社：王叔辉画本《西厢记》）

图 3-13　明代仇英《松溪横笛图轴》

图 3-14　明代仇英《停琴听阮图轴》

戏曲中描绘了“花竹成林，栏杆曲折”“幽斋深蔽，棕榈庭院薜萝墙”的美丽园景。再如明代戏曲家汤显祖的《牡丹亭》，将南安太守府内的后花园作为爱情叙事的重要场地，借杜丽娘的丫环春香之口，勾勒出后花园的美丽景致：“有亭台六七座，秋千一两架，绕的流觞曲水，面着太湖山石，名花异草，委实华丽。”

明清时期的江南私家园林多建有花厅，专供戏曲表演之用。园林艺术再现了戏曲中的花园空间意象，丰富了观赏者对戏曲内容的体验。

仁者乐山，智者乐水。中国古代的文人雅士，性本爱丘山，常喜欢徜徉于山光水色，寻找山水清音，林泉高致，于丘壑山林中化解悠悠情怀，令松韵石声、水光云影皆风致宛然。“何必丝与竹，山水有清音”，便是明清文人园林与中华民族崇尚自然精神的完美结合的生动写照。明代大画家仇英笔下的《松溪横笛图轴》和《停琴听阮图轴》，可谓将当时文人园林所追求的音乐景观艺术理想表达得淋漓尽致。

3.2.3　西方音乐中的风景园林意象

西方音乐的发展经历了多个时期，产生了许多流派和风格的音乐作品，其中包含了大量描绘自然风景和花园景色的乐章。

巴洛克时期（1600 ~ 1750 年）的音乐具有华丽、复杂、超现实和雄伟宏奇的特点。一些音乐家在音乐创作中添加了对自然的描写，像库普兰的《羽管键琴曲集》（1706 年），每一曲都有充满诗意的标题，如《蝴蝶》《芦苇》《恋爱中的黄莺》等。作曲家利用一些音乐技法表达景观形象，在鲜明的转调中表现蝴蝶飞舞。意大利著名作曲家维瓦尔第的小提琴协奏曲《四季》（1725 年），包含《春》E 大调、《夏》G 小调、《秋》F 大调、《冬》F 小调四首曲目，利用不同的节奏、音色、技法来表现春夏秋冬的景色，同时将每首曲子所描绘的画面写成十四行诗，可谓声情并茂。此外，还有拉莫的歌剧《壮丽的印度群岛》（1735 年）等名曲作品。

古典主义时期（1750 ~ 1820 年）的音乐具有井然的秩序和澄澈的表现。古典主义后期的音乐注重情感与色彩的表达，其代表人物之一的贝多芬就是一生乐与自然为伴。贝多芬经常去田野及树林间漫步寻找音乐灵感，他所创作的“标题音乐”，有不少是以大自然景色为主题，如小提琴奏鸣曲《春天》（1800 年），钢琴奏鸣曲《月光》（1801 年）、《田园》（1801 年）、《暴风雨》（1802 年）、《黎明》（1804 年）、《杜鹃》（1809 年）以及第六交响曲《田园》（1808 年）等。其中《田园》交响曲是典型的风景园林题材音乐，采用五个乐章的曲式结构，每个乐章附以小标题，分别为“初到乡村时的愉快心情”“溪畔景色”“乡民欢乐的集会”“暴风雨”“暴风雨过后幸福和感恩的情绪”。仅将这些标题串联起来，便构成了一副广阔无垠、美丽动人的乡村生活图景。

在《田园》交响曲中，贝多芬通过模仿自然界的声音唤起人们的听觉联想。如第一乐章中用悠扬的小提琴模仿微风的声音；第二乐章中用弦乐组的三连音音型模仿出潺潺流水声；用长笛、双簧管、单簧管三种乐器模仿夜莺、鹌鹑及布谷鸟的鸣叫声，表现鸟语花香的春景；第四乐章中用短笛尖锐的声音模仿狂风暴雨的呼啸，用定音鼓、贝斯和长号雄浑有力的轰鸣声表现狂风大作，雷声隆隆，天昏地暗的暴风雨景象。同时，他还通过独具特色的民族曲调将人们带入耳熟的故事场景，如第一乐章“初到乡村时的愉快心情”，用小提琴奏出民歌风格的乐句；第三乐章“乡民欢乐的集会”，取材于载歌载舞的民间旋律；第五乐章“暴风雨后的愉快和感激情绪”，采用喜悦、安宁的田园牧歌旋律。整部作品细腻动人，朴实无华，宁静而安逸，表达了他对“乡村生活的回忆，写情多于写景”。

西方浪漫主义时期（1820 ~ 1900 年）的音乐更注重表达人的精神境界与主观感情，对自然景物的描绘也愈加突出。这一时期的作曲家创作了大量有关自然的标题音乐，如施特劳斯的《春之声》（1882 ~ 1885 年）、《蓝色多瑙河》（1867 年）、《维也纳森林的故事》（1868 年）、《柠檬树花开的地方》（1874 年）等圆舞曲；舒曼的《蝴蝶》（1829 年）、《森林情景》（1849 年）；李斯特的《埃斯特庄园水的嬉戏》（1870 年）、《森林的呼啸》（1863 年）；西贝柳斯的交响音诗《图内拉的天鹅》（1893 年）；还有舒伯特的《野玫瑰》、《菩提树》等。其中，施特劳斯的《蓝色多瑙河》、《维也纳森林的故事》以及李斯特的《埃斯特庄园水的嬉戏》所描绘的自然风光真实存在，为听者找寻到现实的依托。维也纳森林也是小约翰·施特劳斯音乐创作的灵感地，同名乐曲充满了乡土气息，通过民间旋律表现对故乡风光的赞美。

施特劳斯在《蓝色多瑙河》圆舞曲中，用极其细腻和充满想象力的音乐语言描绘了维也纳多瑙河水面的变化，带给听者美丽的联想。由提琴用碎弓奏出轻弱的颤音来表现微波荡漾，以柔和的上行音型为主体，音响逐渐增强，表现天色渐

图 3-15　贝多芬常在森林中漫步寻找音乐创作灵感（网络图片）

图 3-16　维也纳郊外的森林与湖泊

图 3-17　德国莱茵河畔森林小镇的美丽风光

渐明亮；由八分音符的顿音和休止符交替演奏表现阳光播撒、水波跳跃；由 A 主题的 D 大调转为 A 大调表现阳光下跳动的水花儿的景象。

印象主义时期（1900 ~ 1914 年）的音乐受“象征主义文学”和“印象主义绘画”的影响，多以自然景物或诗歌绘画为题材，注重和声、织体和配器的色彩变化，强调朦胧感，在音乐意境上达到新的高度。以法国作曲家德彪西的音乐为代表，借助作品标题和音乐丰富的色调变化表现朦胧的视觉印象和变化多端的气氛。如在他的《月色满庭台》（1910 年）中，用小连线、跳音和弦和下行音列描绘跳跃、变换的光影；用平行和弦、缓慢的节奏营造出静寂、空旷、清冷的意境；用模糊的和声表现出月光如水的画面。此外，他还创作了管弦乐《春天》《大海》等。其他著名作品有如拉威尔的《夜之幽灵》《水之嬉戏》《加斯帕尔之夜》；弗兰克·布里奇的《萤火虫》《春天来临》；科达伊的《夏日的黄昏》；法利亚的钢琴与乐队舞曲《西班牙庭园之夜》（1906 年）；巴托克的《鲜花盛开》《在户外》；迪利厄斯的《夏日的花园》《河上之夏夜》；沃恩·威廉斯的《伦敦交响曲》；雷斯皮基的交响三部曲《罗马的喷泉》（1914 ~ 1916 年）、《罗马的松树》（1924）等。

图 3-18　扬州个园“冬山”景区 24 圆孔墙

西方现代音乐中也不乏描绘自然风景的曲目，如班得瑞（Bandari）乐团所创作的环境音乐，从阿尔卑斯山林中寻找灵感，将自然界里各种动听的音效（风声、雨声、流水声、鸟鸣声等）纳入音乐旋律，创造如临其境的音乐作品，每首曲子都呈现出清新的自然气息。影响较大的作品专辑有《仙境》（1990 年）、《春野》（1999 年）、《琉璃湖畔》（2002 年）、《迷雾森林》（2002 年）、《旭日之丘》（2009 年）等。正如乐团队长奥利弗·史瓦兹说：“我们的音乐是兼具视觉、触觉与听觉的，从大自然所得到的创作灵感将一直延续到世界各地听众的心中。它不只是新世纪音乐，更是取自大自然的心灵营养……”

3.3　风景园林的音乐空间

音乐与园林艺术的结合自古已有。在中西方园林建设早期，就存在对音乐元素的运用，具体方法是运用精湛的工匠技术把控自然天象创造音乐意境。如中国古典园林中利用假山叠水技术而创造的“高山流水”意境，或利用自然界的风声、雨声及其与植物相碰撞时的音响效果，创作出“枯荷听雨”“万壑松风”等意境；古代西方园林中有利用液压和气动技术设计出能产生音乐效果的喷泉以及各式各样结合音乐元素的游憩空间景观。

图 3-19　无锡寄畅园八音涧

3.3.1　中国古典园林的音乐意境

意境是艺术审美中的重要概念，它是“通过艺术构思所创造的并表现于艺术作品中的形象化和典型化的社会环境或自然环境和深情或深意的完美统一。”中国古典园林非常强调意境的营造，造园者往往将诗词应用于景题、石刻、楹联等来赋予景物思想内涵，使人在游览园景的过程中可以联想到更为深广的境界，实现“景有尽而意无穷”。与此相似，在音乐美学中，音乐意境也表现出情景交融的美感。许多音乐作品通过音乐语言将音乐艺术的表现力提升到一个“以乐抒情，以情绘景”的层次，从而达到至高的审美境界。

3.3.1.1　江南园林的音乐意境

中国江南园林的营造非常注重因地制宜组景，在造园过程中巧妙地利用各种声响要素，形成声色俱全的美丽意境。这些声响包括自然声和人工声，自然声主要有风声、雨声、水声、鸟鸣声等；人工声主要指丝竹管弦、古筝等音乐之声。

利用风声创造园景意境的佳例，如扬州个园“冬山”景区 24 圆孔墙。每当阵风掠过，狭巷高墙便因气流变化而发出萧萧轰鸣声。它与色泽洁白、体态浑圆的宣石和被誉为“岁寒三友”之一的腊梅相配，形成冬山中“北风呼啸雪光寒”的独特景观意境。

无锡寄畅园的“八音涧”，是利用山涧水声创作园林意境的典范之作。江南著名造园世家张氏把山中泉水通过园外暗渠引入园中的假山石涧内，使无声的泉水随堑道上下迂回，高低跌宕，产生“金、石、丝、竹、匏、土、革、木”八音，大有“高山流水”之调，故取名曰“八音涧”。

再如苏州拙政园有两处著名的赏雨声景，一处是“听雨轩”，另一处是“留听阁”。听雨轩前一泓清水，植有荷花；池边有芭蕉、翠竹，轩后也种植一丛芭蕉，前后相映。每逢下雨，便可营造出“雨打芭蕉”的美妙境界。留听阁左侧池塘种满荷花，每逢秋雨，池中的残荷败叶会发出轻微的噼啪声响，形成略带凄美的意境，故阁名取意李商隐的诗句“留得残荷听雨声”。

3.3.1.2　皇家园林的音乐意境

承德避暑山庄的“万壑松风”是一座卷棚歇山式的宫殿建筑，因殿旁“长松数百，掩映周回”，西北方的峡谷中又不断送出阵阵松涛之声而得名。在参天古松的掩映

图 3-20　苏州拙政园留听阁

图 3-21　苏州拙政园听雨轩窗景

下，壑虚风渡，松涛阵阵，犹如杭州西湖之万松岭，形成一个极其寂静安谧的空间环境，是康熙皇帝批阅奏章、诵读古书的地方，具有“云卷千峰色，泉和万籁吟”的优美意境。每当晴空朗日，阳光打入林间，西北方的峡谷之中不断传出的松涛之声，令人感到气势宏大，肃穆凛然。

北京天坛建于明清时期，是皇帝祭天的场所。天坛以“回音壁”“三音石”“圜

图 3-22　承德避暑山庄“万壑松风”景区

图 3-23　北京天坛圜丘坛

丘坛天心石”等奇妙声学现象闻名海内外，被列为我国四大回音古建筑之首。其中，回音壁位于天坛皇穹宇内，壁内侧墙面平整光洁，可使外来音响沿内弧传递，久久回荡；“天心石”位于皇穹宇南侧圜丘坛中央，人站在天心石上说话，尤感声音响亮，回声轰鸣，极其震撼。如此声学现象的存在，不仅强化了天坛建筑“天人合一、君权神授”的主题思想，也营造了崇高、祥和的意境，唤起人们对“太虚”空间的无限遐想。

3.3.1.3　寺庙园林的音乐意境

佛教传入中国后，寺观园林随之兴起，梵音成为寺庙园林环境中不可或缺的一部分。“梵”，是印度语“梵览摩”的简称，可意译为“寂静”“清净”或“离欲”。“梵音”又作梵声，指“佛的声音”，是佛报得清净微妙之音声，亦即具四辩八音之妙音，具有清净、平和而深远的特质，清澈远播。佛三十二相中有梵音相，佛之梵音如大梵天王所出之声，有五种清净之音：（1）甚深如雷；（2）闻而悦乐；（3）入心敬爱；（4）谛了易解；（5）听者无厌。

梵音可以按不同的方式分为多种类型，包括乐器声、诵经声以及寺院内的风雨声和蝉鸣声等。各类梵音对创造寺院内适宜修行的空间环境氛围具有重要作用。寺院里的法器声和诵经声，因其舒缓的乐感，能营造出平和、幽远的境界，帮助僧人修行，引导信众走向佛的理想世界。寺院的晨钟暮鼓以“开静”和“止静”

图 3-24　五台山乐僧在舍利塔前演奏佛乐（http：//www.shanxiwenbow.com/photoss/93.html）

的洪亮声音，警醒处在生死梦中的众生。“古木无人径，深山何处钟”，悠悠钟声、郎朗鼓声已经远远超出了佛教寺院的建筑空间范围，将周围环境笼罩在一片寂静安谧的气氛之中。

3.3.2 结合音乐的游憩空间景观

3.3.2.1 古希腊古罗马露天剧场

露天剧场的建设历史最早可以追溯到公元前 5 世纪的古希腊剧场。它常被建设在绿树环绕的山坡地段。剧场呈环形，中央是舞台，观众席环绕着舞台向外延伸。剧场多采用石材建造，观众席类似于宽大的台阶。

古希腊的埃皮达鲁斯剧场建设于公元前 4 世纪，由古希腊著名建筑师阿特戈斯和雕刻家波利克里道斯合作完成。它坐落在山坡上，中心是圆形舞台，周围环绕看台并依环形的山势次第升高，如同一把巨大的展开的折扇，能容纳 1.5 万余名观众。如今，埃皮达鲁斯剧场主要用于夏季的欢庆聚会和各种演出。

古希腊文明之后，经过 200 年的演变出现了古罗马剧场，开始有了舞台的背景建筑，即在舞台后墙上设置拱门式柱廊，观众席布局也从近似圆形进化成包围着舞台的半圆形阶梯平面。如位于保加利亚普罗夫迪夫市的古罗马剧场，建于公

图 3-25 古希腊的埃皮达鲁斯剧场

图 3-26　意大利埃斯特别墅的管风琴喷泉

图 3-27　埃斯特花园里猫头鹰与小鸟喷泉

元 2 世纪，全部用白色大理石依山砌成，由上至下共有 20 排大理石座位呈扇形包围着舞台，舞台高 3.1m。这座保加利亚保存最完好的古剧场经常举办各种演出，时常人山人海。

3.3.2.2　意大利花园中音乐水景

文艺复兴时期，意大利花园水景实现了雕塑艺术与音乐艺术的完美结合，为现代园林中音乐喷泉的出现奠定了基础。意大利花园水景主要包括喷泉、石窟和水神庙。常见的水声类型有瀑布的欢腾声、溪流的低语声、波浪的拍击声、漩涡的汩汩声以及雨点的嗒嗒声等。这些声音使园林空间与超越其外的更大景观空间发生关联，进而产生丰富的游园体验。还有一些人工制造的声音，如鸟儿的歌唱声、车辆的喇叭声、枪击声和烟花爆炸声等，能够唤起游人对现实生活的联想。这些音乐水景不仅能激发观赏者的想象力，还会引发喜悦、激动等情感上的回应。

罗马大主教乔凡尼·高迪的花园中有一处岩洞景观，是个两边设有拱形壁龛的石室，每个壁龛都有一个人造喷泉，水滴落入微型水池发出柔和的嘀嗒声；壁龛上面的穹顶装饰着钟乳石，水从这些钙化的坠饰滴下来，形成如同雨声般有规律的敲击声；而隐藏在背墙上的土红色的大陶罐，因水滴的落入发出低沉的回音。

位于罗马东郊的埃斯特别墅享有“百泉宫”的美誉。园中有大大小小的各式喷泉共 500 多处，包括贝尔尼尼设计的作品“圣杯喷泉”，别墅主设计师利戈里奥的作品“椭圆形喷泉”“龙泉”“猫头鹰与小鸟喷泉”及“管风琴喷泉”。其中，“猫头鹰和小鸟喷泉”采用石雕制作，两旁为茂密树木，树上有一群铜鸟啼叫，猫头鹰一声尖叫，顿时鸟儿就停止鸣叫，鸦雀无声，稍停片刻，铜鸟又喧闹起来，周而复始，十分有趣。“管风琴喷泉”之所以得名，不仅因为它喷水时的形状宛如管风琴；

而且其背景石雕建筑中安装有一架真实的管风琴。这架管风琴由流水驱动演奏，每当它下面的小门打开，泉水下涌，就会奏响悦耳动听的琴声。

3.3.2.3 中国古代园林戏台琴室

在中国古代社会中，“琴、棋、书、画”被视为文人雅士修身养性的必修之课。吹箫抚琴、吟诗作画、登高远游、对酒当歌，这些风花雪月的诗意场景成为文人士大夫园居生活的精彩写照。其中，古琴因其清、和、淡、雅的音乐品格寄寓了文人风凌傲骨、超凡脱俗的处世心态，在音乐、棋术、书法、绘画中居于首位。春秋时期，俞伯牙、钟子期以“高山流水觅知音”的故事成为广为流传的佳话美谈；唐代文人刘禹锡在其名篇《陋室铭》中，更是描绘出“可以调素琴、阅金经。无丝竹之乱耳，无案牍之劳形”的诗意境界。宋人有诗曰：“一室琴棋画，四时风月花。晚来满山菊，消得澹生涯。”古代文人的雅趣，常凝寄于一室。其室或轩华或清朴，无不是心血所筑，呈现着主人的灵思与旷志。作为抚琴之所的琴室，尤其须具有提升音效的功用，以及与琴乐相和的意境。

明代很多琴书上均记载文人雅士“宜”或“不宜”的抚琴环境。如屠隆《考盘余事》之《琴笺》对理想的弹琴环境描写道：“对花——宜共岩桂，江梅，詹卜葡，建兰，夜合，玉兰等花，清香而色不艳者为雅。临水——鼓琴偏宜于松风涧响之间，三者皆自然之声，正合类聚。或对轩窗池沼，荷香扑人，

图 3-28 明代蒋乾《抱琴独坐图轴》

图 3-29 苏州退思园琴房内景

或水边莲下，清漪芳芷，微风洒然，游鱼出听，此乐何极。”同时，古人对琴室的设计也有一定要求：“琴室宜实不宜虚，最宜重楼之下，盖上有楼板则声不散，其下空旷则声透彻。若高堂大厦则声散漫。斗室小轩则声小达，如平屋中，则于地下埋一大缸，缸中悬一铜钟，上用板铺，亦可。幽人逸士或于乔松修竹，岩洞石室，清旷之处，地清境寂，更有泉石之胜，则琴声愈清，与广寒月殿何异。”（赵希鹄《洞天清录·古琴辨》）

中国古代的文人雅士在营建私家园林时，通常会建有专供琴乐演奏的园林建筑，并以“琴房”“琴室”“琴馆”“琴亭”等命名，如苏州网师园的“琴室”退思园的“琴房”怡园的“石听琴室”等。这些建筑大多采用封闭式空间以聚集音响，且临水而设，水边多布置竹木奇石以合自然之音。水中多植浮莲，暗香远溢，怡人心脾。如此景观布局不仅为古琴演奏创造了清幽、雅洁的环境，也使音乐更加婉转动听；同时将大自然美景浓缩进“咫尺山林”，传达出“高山流水”的音乐意境。魏晋时代的名士嵇康作《琴赋》曰：“若乃高轩飞观，广厦闲房，冬夜肃清，朗月垂光，新衣翠粲，缨徽流芳，于是器冷弦调，心闲手敏，触腊如志，唯意所拟。”寥寥数句，道尽了抚琴之境最妙不过“天、地、人相合”的真谛。唐代司空图《二十四诗品》所写的既是诗境，也是琴境：“玉壶买春，赏雨茅屋，坐中佳士，左右修竹。白云初晴，幽鸟相逐，眠琴绿阴，上有飞瀑。落花无言，人澹如菊，书之岁华，其曰可读。”

苏州退思园的“琴房”位于园林东北角，掩映在小桥流水花木之中，幽静清雅。“琴房”西侧由“曲廊”连接“退思草堂”；南侧临水，且由“三曲桥”分割“荷花池”而形成的围合空间，远望可观太湖石假山与“眠云亭”；东侧院墙内植有几丛翠竹，风过处，竹声阵阵，竹影婆娑。在此抚琴奏乐，可谓“自得其乐”。苏州怡园东部有一组琴室，分为东、西两间，东为“坡仙琴馆”，西为“石听琴室”，南北皆有庭院。“坡仙琴馆”内藏东坡古琴，并挂东坡小像。“石听琴室”内有琴桌，上置空腹琴砖；西北窗外置石，石为耄耋俯听状；琴室北槛外，遥对玉虹亭；共同组成了“高山流水觅知音”的音乐意境。

明朝中叶，江南地区兴起昆曲，缙绅们在兴建园林的同时也豢养昆曲家班，于宴饮会客之时声歌消遣。明代造园大师计成在《园冶》中写道:“造园必先造花厅，花厅兼作观剧听曲之用。”于是，园主在营造私家园林时，通常在临水位置建设水榭歌台，作为唱曲之所;再在水际池畔建设水阁，作为听曲之所。如苏州拙政园的“三十六鸳鸯馆”与“留听阁”，苏州网师园的“濯缨水阁”与“月到风来亭”均是唱曲与听曲的佳构。

中国古典园林中的戏曲建筑一般在空间上占用面积较大，既要为宾客留出足够的观赏空间，又要为戏曲表演者提供化妆处所，更要考虑到演唱声音的回响效果。

如苏州拙政园“三十六鸳鸯馆”采用水榭歌台的建筑形式，平面呈正方形，演员可在中间表演，宾客围坐四周观看。厅堂设计有四个拱顶，增强了音响共振;厅堂一部分挑出水面，目的是利用水面的声波折射来增强音响效果;而厅堂的另一面筑高墙，也是为了增强声音的回响效果。此外，厅堂四隅均建设有耳房，供昆曲表演者化妆使用。

明清时期，戏曲艺术在皇宫中也得以盛行。每逢各种节日及皇帝登基、帝后生日等重大庆典活动，都要在宫中演戏。因此，各地皇家园林中也建设有戏台，

图 3-30　苏州退思园琴房外景

图 3-31　苏州退思园琴房布局平面图（作者自绘）

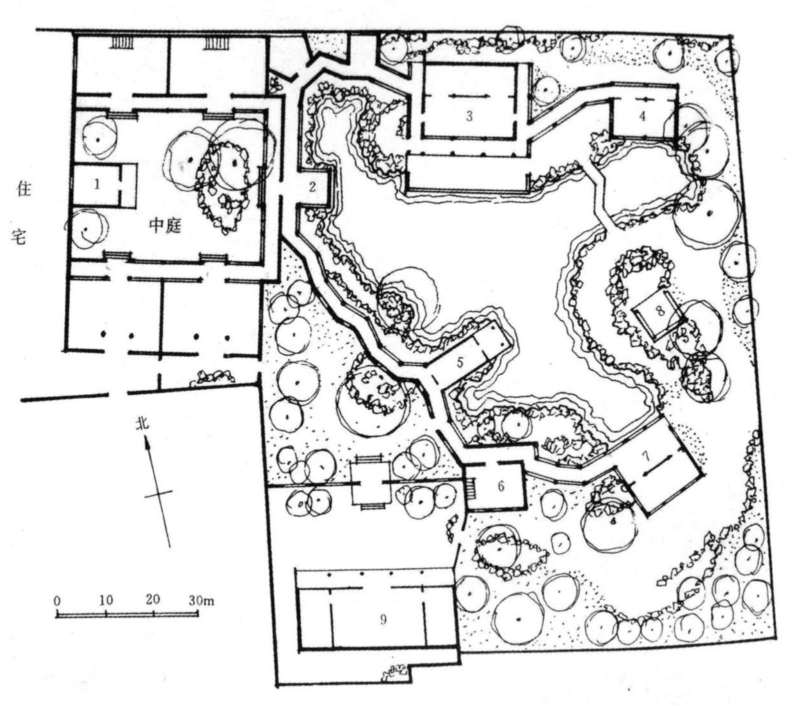

1-旱船　2-水香榭　3-退思草堂　4-琴房　5-闹红一舸　6-辛台　7-菰雨生凉　8-眠云亭　9-桂花厅

图 3-32　苏州同里退思园平面图（引自刘敦桢《苏州古典园林》）

图 3-33　苏州网师园的“月到风来亭”

如北京故宫“畅音阁”、承德避暑山庄福寿园大戏台、沈阳故宫戏台等。这些戏曲建筑为取得良好的观演效果，一般坐南向北；且在外观上设计得宏丽壮观，以体现皇家气派。

图 3-34　苏州网师园的“濯缨水阁”

园林中的戏台规模不同，层数也不同。一些规模较大的戏台，有两至三层，每层设舞台面，又称为“戏楼”。如北京故宫畅音阁（全称“故宫宁寿宫畅音阁大戏楼”），建筑分三层，最上一层叫“福台”，中层叫“禄台”，下层叫“寿台”。一些规模较小的戏台仅为一层，周围留有一定的观赏区域。

如清代沈阳故宫戏台，戏台东西两侧各有宽廊十余间，南北两端分别与嘉荫堂、扮戏房的山墙相接，构成一个围绕戏台的音乐空间。再有北京颐和园德和园大戏

图 3-35　苏州拙政园“三十六鸳鸯馆”

图 3-36，图 3-37　北京颐和园德和园大戏楼鸟瞰

图 3-38　沈阳故宫戏台

楼，专为慈禧太后看戏修建，原为乾隆时期清漪园怡春堂旧址。德和园为四进院落，占地 3851m²，以大戏楼为主体，翘角重檐，气势恢弘，配有看戏廊、颐乐殿、后罩殿、配殿、后垂花门等。园名“德和”出自《左传》:“君子听之以平其心，心平德和。”意思是君子听了美好的音乐，就会心平气和，从而达到道德高尚的境界。德和园大戏楼舞台宽 17m，高 21m，上下 3 层，后台化妆楼 2 层。顶板上有 7 个“天井”，地板中具有“地井”。舞台底部有水井和 5 个方池。演神鬼戏时，可从“天”而降，亦可从“地”而出，还可以引水上台。

图 3-39　英国伦敦海德公园音乐亭

图 3-40　英国伦敦海德公园音乐亭俯瞰图（来源：Google Ea

图 3-41 英国克拉芬公园音乐亭（维基百科）

图 3-42 美国波士顿公园帕克曼音乐台（维基百科）

3.3.2.4 欧式公园中的音乐亭台

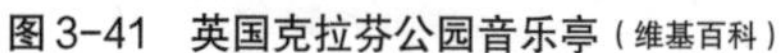

欧式公园中的音乐亭台（Bandstand）不仅可用于园林造景，也为游客提供了避雨游赏场所，同时满足声学要求，适于小乐队演奏和演唱。小型的音乐亭与普通凉亭大小相近，一般由亭顶、亭柱、亭台构成，有的在亭台周围设有一圈围栏；大型的音乐台又被称为壳形演奏台，形状类似于球体四分之一，如好莱坞露天剧场。音乐亭台周围通常设置一些座椅，供游客就坐欣赏。

图 3-43 日本鹤舞公园音乐亭

英国的音乐亭台起源于维多利亚时代。在此期间工业革命兴起，音乐亭台的建设不仅响应了社会的发展需要，也为城市提供了可供人放松娱乐的绿色开放空间。英国第一个音乐台建于 1861 年南肯辛顿的“皇家园艺学会花园”。随着英国铜管乐队的发展，公园音乐亭台的建设逐渐普及，并被认为是 19 世纪英式园林营造的重要元素之一。漫步在英国公园里，经常可以听到从音乐亭台里传来的管弦乐队演奏乐音。“二战”期间，为了支援战争，许多公园中的音乐亭台铁配件被拿走熔化后铸造为武器，大量音乐亭台因此遭到损毁和废弃。20 世纪末，这些被破坏的音乐亭大都得到重建，恢复了在公园

图 3-44 新加坡植物园音乐亭

中的使用功能。

英国著名的音乐亭台有伦敦海德公园（Hyde Park）的八角形音乐亭。它是英国最古老的音乐亭之一，建于 1869 年，最初位于肯辛顿花园，1886 年搬到现址。

1890 年后，该音乐亭作为公园音乐会的主要举办场地，每周举办三次。20 世纪，军乐队和城市管弦乐队经常在这里表演。今天，它作为体育、赞助活动的地点，偶尔举行音乐会。伦敦克拉芬公园（Clapham Common）音乐亭建于 1890 年，是

图 3-45　英国伯克郡福伯里花园音乐亭

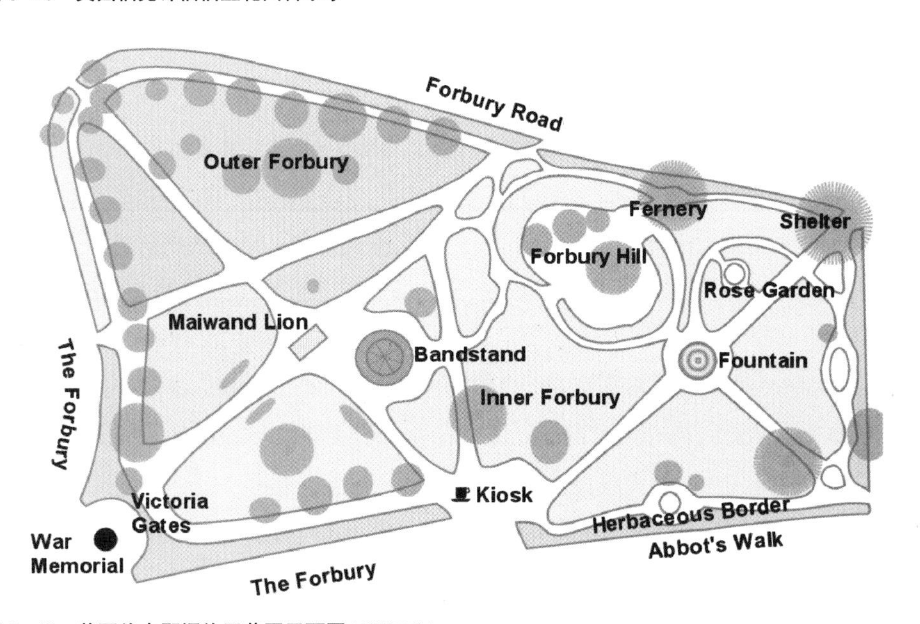

图 3-46　英国伯克郡福伯里花园平面图（维基百科）

图 3-47 20 世纪 20 年代上海外滩公园音乐亭的表演盛况

图 3-48 哈尔滨铁路俱乐部后花园的音乐台

图 3-49 上海中山公园音乐台遗址

图 3-50 上海复兴公园音乐亭

伦敦最大的音乐亭，也是欧洲现存最古老的铸铁音乐亭。

美国波士顿公园（Boston Common）帕克曼音乐台（Parkman Bandstand）建设于 1912 年,位于公园东部。起初用于音乐和戏剧表演,在“二战”期间遭到破坏，1996 年得到修复，今天用于音乐会、集会、演讲等活动。此外，还有美国林肯植物园（Lincoln Arboretum）音乐台（1884 年）、采石公园（Quarry Park）音乐亭（1879 年）、罗伯茨公园（Roberts Park）音乐亭（1871 年）等。

在英国的影响下，各国纷纷效仿，在园林中营造了大量音乐亭台，如澳大利亚吉朗约翰斯通公园（Johnstone Park）音乐亭（1837 年）、澳大利亚墨尔本菲茨罗伊花园（Fitzroy Gardens）的音乐亭（1864 年）、加拿大哈利法克斯公园（Halifax Public Gardens）音乐亭（1867 年）、新西兰福伯里花园（Forbury Gardens）的音乐亭（1869 年）、百慕大维多利亚公园（Victoria Park）音乐亭（1889 年）等。其中，加拿大哈利法克斯花园音乐亭建设于 1867 年，位于草地中央，周围种植有维多利亚时期色彩艳丽的花卉，附近矗立着罗马花神“费罗拉”的雕像，音乐亭一侧的路面还摆放有长椅，供人就坐观赏。

日本名古屋市的鹤舞公园（Tsuruma Park）音乐亭建设于 1909 年，音乐亭在外观设计上加入了音符和乐器形象的音乐元素。新加坡植物园（Singapore Botanic Garden）的八角音乐亭建于 1930 年，至今一直保留了原有样式。音乐亭坐落的位

图 3-51 哈尔滨音乐公园“五音园”景点雕塑（a. 牛首 b. 羊首 c. 鸡首 d. 猪首 e. 马首）

置是个海拔 33m 的小山坡，为该区域地形的最高点，于 20 世纪 60 年代平整后作为乐团演出之用，四周环绕着配置阶梯花坛和棕榈树。

英国伯克郡雷丁镇的福伯里花园（Forbury Gardens）位于雷丁修道院外院的旧址上，始建于 1869 年。园中的音乐亭建在花园中心的道路交叉小广场上，围绕音乐亭设置有一圈长椅，音乐亭西侧矗立着一尊著名的“指挥家狮子”雕像，以纪念 1886 年 7 月在阿富汗的迈德战役中第 66 届皇家伯克郡军团牺牲的士兵。

19 世纪中叶，中国哈尔滨、上海、天津等租界城市和香港、澳门殖民地城市的一些公园，由西方人设计并建造了一批音乐亭台，供游人欣赏音乐。例如，上海外滩公园（今黄埔公园）建于 1868 年，1870 年在公园内的大草地上建了一座木结构音乐亭。1922 年，音乐亭翻建为钢柱结构，亭台较高，台内设地下室，亭外是大草地，可供上千人围坐。1937 年，抗日战争时期，音乐台被拆除。

20 世纪初，上海虹口公园（今鲁迅公园）建成，公园湖心岛处建设音乐台，观众隔水欣赏表演。1915 年，音乐台在一次台风袭击中倒塌，后来得以改建。再后来，音乐台不知所终。兆丰公园（今中山公园）音乐台建于 1924 年，位于公园东北部，其主体是一个长 17m、高 8m 的半穹形云石音乐台，台前设大片草地。

图 3-52 哈尔滨音乐公园的五线谱音符雕塑

图 3-53 哈尔滨音乐公园“儿童乐园”的简谱雕塑

图 3-54　云南玉溪聂耳音乐广场主景雕塑

图 3-55　哈尔滨音乐公园“盛世华章”雕塑

图 3-56　哈尔滨音乐公园“永恒之声”雕塑

该音乐台在 20 世纪 60 年代的“文化大革命”中被拆毁，后经翻建，作为遗址留存至今。1909 年，上海复兴公园建成开放，公园东南部有面积 8000 多 m^2 的大草坪，空间开阔，可容千人游憩。草坪南边修建了音乐亭，但在 1937 年毁于战火，1945 年后得到重建。

3.4 音乐形象的景观表达

3.4.1 音乐雕塑

音乐形象中最直观的有三种：音符形象、乐器形象和音乐人物，它们在园林中通常采用景观雕塑来表现。综合其景观构成及使用功能，可将音乐雕塑分为单体雕塑、场景雕塑、声光装置、景观小品等四类。

3.4.1.1 单体雕塑

单体雕塑是较为传统的雕塑类型，即用传统材料塑造的可视、可触、静态的三维艺术形式。雕塑主体在园林环境中构成独立景观，具有观赏、装饰的作用。

1. 音符雕塑

音符雕塑按照形式来分，有单个音符雕塑和组合音符雕塑两种。单个音乐雕塑根据单个音符形象的不同表现为三种类型：

一是用“牛、羊、鸡、猪、马”这五种动物的形象来代表中国古谱中“宫、商、角、徵、羽”五个音符形象，如哈尔滨音乐公园“五音园”景点雕塑。

二是五线谱音符形象，如公园道路两侧错落布置的巨大音符，如同景廊，游人可穿行其中。

三是简谱中“1、2、3、4、5、6、7”这 7 个数字形象，它们分别代表了音阶中“do、re、mi、fa、sol、la、si”7 个基本音级，如哈尔滨音乐公

图 3-57 厦门环岛路《鼓浪屿之波》乐谱雕塑

图 3-58 哈尔滨音乐公园“龙凤缘”景点（a 编钟雕塑；b 编磬雕塑）

园“儿童乐园”中的数字雕塑。在这三种音符形象中，五线谱音符形象在园林中应用最广。

组合音符是指单个音符在五线谱上有规律地组合而形成的乐谱形象。大部分组合音符只用于装点环境，没有实际的乐理内容。也有的记录了著名乐曲的曲段，讲述一个与音乐有关的故事。

哈尔滨音乐公园的入口标志“永恒之声”主题雕塑，是由汉白玉和铜等材料制成的一本半立翻开的曲谱书，书中清晰刻有《浪花里飞出欢乐的歌》乐谱，是纪录片《哈尔滨之夏》的主题曲。公园另一处“盛世华章”主题雕塑，火焰似的雕塑主体上刻有《中华人民共和国国歌》曲谱。

上海“淞沪抗战纪念公园”有两处曲谱墙，一处是淞沪纪念馆外石质景墙，刻有《淞沪战歌》，歌词反映了“八·一三”淞沪会战期间，中国军民不畏强暴、英勇奋战、视死如归的精神和可歌可泣的壮举；另一处是淞沪纪念馆外墙内侧的墙面，黄褐色铜条做五线，黑色青铜做音符和歌词，镌刻《义勇军进行曲》。

墙面前还有一个长方形水塘，水面竖着两块象征山丘的纪念石块。曲谱墙倒映在水中，象征着《义勇军进行曲》响彻在祖国的山山水水之间。

厦门环岛路的绿化隔离带上倾斜镶嵌着《鼓浪屿之波》曲谱雕塑，该雕塑采用花岗石镌刻，总长约 247.59m，被誉为是“世界上最长的五线谱雕塑”。其设计构思，来源于 1981 年由钟立民作词，张藜、红曙作曲的歌曲《鼓浪屿之波》。这首歌不仅表达了海峡两岸同文同祖、相思相望、盼望和平统一的心愿，也反映出鼓浪屿高尚、优雅、精致的形象气质，因而受到厦门人民的广泛喜爱。每当厦门海关整点报时的钟声响起，鼓浪屿之波优美的歌曲旋律就会在鹭江两岸久久回荡。

2. 乐器雕塑

相比于其他类别的单体雕塑，乐器形象雕塑在形式上更加丰富。常见的乐器形象有小提琴、萨克斯、钢琴、吉他、竖琴等，根据设计方法的不同，又可细分为以下两类。

一类是按照真实乐器同等比例大小仿建的乐器雕塑。如哈尔滨音乐公园“龙凤缘”景点的编钟与编磬雕塑同比例仿制古代宫廷乐器，均由青铜制成。编磬上有 24 只磬，每只磬在敲击时可发出不同的音调；编钟上具有 5 个大小不同的扁圆钟，它们按照音调高低的次序排列起来，也可发出不同的乐音。再如哈尔滨太阳岛“音乐园”有一架钢琴雕塑，与真实钢琴大小相同；钢琴前的乐谱上刻着著名歌曲《太阳岛上》的优美旋律。

另一类是采用抽象艺术构成法则，将各类乐器进行组合而形成的乐器雕塑。如哈尔滨友谊公园的主题雕塑“冰城琴韵”（又名“和谐乐章”），由红色琵琶、金色提琴、银色吉他三种乐器抽象组合而成的大型音乐主题雕塑，分别象征中国、

图 3-59　哈尔滨友谊公园主题雕塑

图 3-60　哈尔滨太阳岛钢琴雕塑

图 3-61　上海静安公园音乐雕塑（自左向右依次为“音乐的力量”“男低音”“美丽时刻”）

西方及现代音乐文化。再如上海静安雕塑公园入口附近“树阵花带”景区 4 组铜制乐器雕塑，由法国雕塑家阿曼（Arman）于 1983 ~ 1991 年创作完成，命名为“音乐的力量”（Music Power）“智慧之音”（Monument for Stockholm）“美丽时刻”（Being Beauteous）及“男低音”（Flon Flon），通过同种乐器的组合创造艺术美感。

3. 人物雕塑

园林中的音乐人物雕塑一般包括音乐名人雕塑和音乐表演者雕塑两类：

①音乐名人雕塑

音乐名人是指对音乐的历史发展起到重大推动作用，或是在音乐艺术领域取得光辉成就、享有崇高地位的音乐家，如我国的聂耳、冼星海、华彦钧（阿炳）、施光南，以及欧洲的巴赫、贝多芬、莫扎特、肖邦等。艺术家以雕塑形式对音乐家的性格特点和演奏神态进行描绘再现，结合园林环境创造音乐意境，让游赏者感受音乐家的个性魅力与风采。例如，著名的“音乐之都”维也纳，整个城市的

图 3-62　人民音乐家聂耳雕像

图 3-63　维也纳霍夫堡皇宫公园的莫扎特雕像

图 3-64　维也纳城市公园里约翰·施特劳斯雕像

公园、广场及街道上都矗立有音乐名人雕塑。其中，维也纳城市公园里建有五位音乐家雕塑，以“华尔兹之王”约翰·施特劳斯的镀金塑像最为著名，该公园也因此被称为“施特劳斯公园”。维也纳内环城路霍夫堡皇宫公园建设的莫扎特雕像前，用彩色花卉组成一个巨大的高音谱号，可随季节呈现不同色彩。还有一些广场以音乐家名字来命名，如“卡拉扬广场”“莫扎特广场”“贝多芬广场”等。广场中央的雕像由基座和人像组成，基座上刻有音乐家的姓名生辰，在历史建筑和高大乔木映衬下充满了神圣感。

图 3-65　波兰华沙肖邦公园中的肖邦雕像

波兰华沙肖邦公园原名瓦金基公园，因矗立有肖邦雕像而又名肖邦公园。肖邦雕像由深褐色的装饰铜铸成，高 5m，重 16 吨，宽大的底座由浅褐色的花岗石砌成。雕像的整体形象表现为肖邦坐在一棵柳树下，他的头发、斗篷与柳枝一起随风飘动，融合成一个和谐的整体。肖邦雕塑前有一个巨大的圆形水池，给整个空间带来了宁静祥和的气氛。

我国云南玉溪是人民音乐家聂耳的故乡，这里建设有一系列与聂耳相关的纪念地，如聂耳故居、聂耳音乐广场、聂耳公园、聂耳纪念馆等。聂耳公园中有 3

图 3-66　德国波恩贝多芬纪念雕塑

图 3-67　威海幸福公园的华彦钧（阿炳）雕像

图 3-68　深圳音乐厅前庭《天籁之音》雕塑

处聂耳雕像，以“纪念区”的聂耳指挥演唱造型的铜像最为著名。

聂耳文化广场景区北侧山顶上矗立着聂耳演奏小提琴的全身像。从广场向山上望去，雕像在蓝天、白云、园景、花木的衬托下格外壮观。雕像北侧还有一个小游园，矗立有世界各国著名音乐家的雕塑，包括贝多芬、莫扎特、李斯特、格林卡、柴科夫斯基、肖邦、帕德莱夫斯基等。这些雕塑多为头像或浮雕形式，庄重美观。

重庆施光南音乐广场位于南山植物园内。园区广场上的作曲家雕塑具有简明而动感的轮廓线，周围结合园景布置有鲜艳的花草，营造出轻松愉快的气氛。威海幸福公园海韵区是以音乐为主题的景区，包含了 7 座音乐家雕塑，分别是西方音乐家巴赫、贝多芬、肖邦、施特劳斯和我国著名音乐家聂耳、冼星海、华彦钧（阿炳）。其中，肖邦雕塑是海韵区的核心雕塑，位于海韵区靠海的圆形广场中心位置，周围由弧线形音乐长廊围合。该雕塑由肖邦站立像和钢琴构成。雕塑体型巨大，约有 4.5m。雕像面向大海，平和中带着沉思，如同肖邦《夜曲》情谊深远的意境。华彦钧（阿炳）雕像为戴着墨镜，坐在茶馆门口演奏二胡的民间音乐家形象。

其他实例，还有广州增城音乐文化广场的人物雕塑，包括西方著名音乐家雕塑、中国近、当代著名音乐家雕塑等。

② 音乐表演者雕塑

音乐表演是通过乐器演奏、人声歌唱及乐队指挥等多种艺术手段，将乐曲以具体可感的音响表现出来，传达给听众的方式。音乐表演者包括指挥者、演奏者、歌唱者、舞蹈者、朗诵者等。音乐表演者雕塑按照表演形式主要可以分为四类：声

图 3-69　哈尔滨音乐公园“水之韵”景点

乐表演、器乐表演、歌舞表演、戏曲表演。

声乐表演是以人声演唱为主的音乐形式。如深圳音乐厅前《天籁之音》雕塑，采用抽象艺术手法，表达一个歌者张开手臂仰天高歌的形象；北京国际雕塑公园《山音》雕塑，描绘的是少数民族青少年在山林中唱山歌的情景。

器乐表演是以演奏乐器为主的表演形式，在音乐表演中最为常见。园林中器乐表演形象的雕塑如北京雕塑公园的《故乡情韵》、哈尔滨斯大林公园的《琴迷》、威海幸福公园的《大小提琴协奏》及哈尔滨音乐公园的《五重奏》等。

歌舞表演是音乐表演的一种形式，结合音乐和美术等艺术手段，将音乐作品的内容转化为可视可感的歌舞形象。如成都东区音乐公园《经典印象》由 4 个迈克尔·杰克逊小型雕塑组成，表现了杰克逊生前在舞台上的经典舞步；还如苏州工业园区金鸡湖上一组《水上芭蕾》雕塑。

戏曲表演是综合了对白、音乐、舞蹈、武术和杂技等多种表演方式的艺术表演。如西安大雁塔北广场的东苑的“陕西戏曲大观园”通过戏曲彩绘雕塑、地方戏曲铸铜浮雕、陕西大戏剧家人物群雕、陕西著名戏曲演员人物群雕等四大类雕塑群，展现了秦腔艺术的风采。

3.4.1.2　场景雕塑

场景雕塑是指单体雕塑与周围环境一同构成的园林景观，如宁波琴桥公园（现名“爱心公园”）“水上钢琴”雕塑由有机玻璃与钢柱制成，坐落在一个圆形水池中。水池内安装有喷泉和彩灯设施，可随音乐旋律的变化而变幻水形舞蹈表演，将钢琴雕塑衬托得分外美丽。园中另一个“反弹琵琶”场景雕塑，坐落于滨水平台小广场中央，琵琶女在舞蹈中演奏出动人旋律。湖中还设有一些音符形象的帆船雕塑，丰富了湖景。重庆石竹山公园的“Music Love”广场与钢琴键景墙，巨大的绿色耳机和钢琴键与周围自然植被相融合，充满生机。哈尔滨音乐公园的“水之韵”景点沿着水池布置倒立的红色音符，在水面投下的倒影形成美丽乐韵。

3.4.1.3 声光装置

声光装置是运用现代新材料和声、光、电等新技术制作的新型多维景观雕塑，如发声雕塑、发光雕塑、声光雕塑等。这类园林雕塑不仅观赏性强，还能带给游客有趣的听觉体验。如在风力作用下发声的箫管、水力作用下发声的台阶以及随着音乐闪烁的景观灯等。

北京的奥林匹克公园3号院的“礼乐重门”设计概念取自《论语》“兴于诗，立于礼，成于乐”，把古代礼乐仪式中的“钟”“磬”“鼓”“箫”四种乐器形象设计成“鼓墙”“钟磬塔”“排箫”“琴幕”四种音乐雕塑。其中“鼓墙”位于3号院

图3-70 宁波琴桥公园“水上钢琴”雕塑

图3-71 宁波琴桥公园“反弹琵琶”雕塑

图3-72 重庆石竹山公园“Music Love”广场

图3-73 重庆石竹山公园钢琴键景墙

的南侧，内部为地上与地下的连接通道，外部为红色钢构镶嵌的243面“响鼓”，包括大鼓32面、中鼓30面、小鼓181面。“响鼓”内部装有LED灯和振动传感器，当敲击“响鼓”时，光亮会由中心向外快速移动，仿佛声波的传递。而敲击力度的大小不仅会改变声音的大小，也会改变光亮的大小。“排箫”位于“鼓墙”与“钟磬塔”之间，由16根金黄色的“铜箫”构成。箫管上有孔，风过孔鸣，其声悠扬，令人难忘。

克罗地亚扎达尔海岸边上有一处景点名为“海风琴”，由一些特殊的石阶构成。当海水涨到合适的水位，这些石阶就会演奏舒缓和谐的乐曲。其发声原理主要在于石阶下暗藏了7组分布精妙，总长70m的聚乙烯管。7组石阶分别对应7个音阶，每个音阶通过5个不同直径的带孔共鸣管各自鸣奏出5个音调，左右排列总计35根风琴管立于海平面上，海水拍打和潮汐涨落会在风琴管中自动形成气压变化，美妙的乐声也随之产生。在海风琴的观景台上还有一块巨大的圆形太阳能发

图3-74　北京奥林匹克公园的音乐景观（a“鼓墙”；b“排箫”）

图3-75　克罗地亚“海风琴”

图3-76　克罗地亚“海风琴”观景台上的“太阳舞台”

光板，被称为“太阳舞台”。直径 22m，镶嵌有 300 块太阳能电池板，白天吸收光能，晚上释放光能后变成彩色舞台，人们可以在此尽情歌舞。

音乐景观灯是利用现代高新技术将 LED 灯具与音乐、背景灯光相匹配，让场景灯光随音乐节奏变化的景观灯类型。现代 LED 灯具有情景演示和音乐播放的功能。一般情况下，LED 灯的变化方式有静态、渐变、渐暗、渐亮和闪烁 5 种方式，并有红、橙、黄、绿、蓝、紫、白等多种颜色。设计师可以控制灯光变化方式，建构光与音乐构图、秩序和节奏相一致的动感情景，达到渲染空间、创造音乐意境的效果。目前，LED 音乐景观灯在我国的运用尚不普遍，有些城市进行了尝试，效果不凡。如山东省烟台市滨海路的音乐景观灯呈现了苏格兰民歌《友谊地久天长》与俄罗斯民歌《红莓花儿开》的乐谱。灯光在电脑程序的控制下，可随歌曲旋律的变化而跳跃明灭，呈现出七彩的颜色变幻。哈尔滨市维也纳音乐广场休憩亭廊的音乐景观灯，也有异曲同工之妙。

图 3-77　澳门永利音乐广场灯光喷泉

图 3-78　哈尔滨音乐公园钢琴键座椅

此外，现代园林里还有应用激光琴、钢琴楼梯等声光装置的实例。钢琴楼梯是在传统楼梯的基础上，增添钢琴键形象，同时结合了声、光、电等技术，使行人每走上一级阶梯就会响起一个乐音，从而演奏出动人的旋律。目前，如河南省平顶山市新城区恒大御景半岛、山东济南鲁能领秀城公园世家等居住小区庭院都采用了音乐楼梯的设计。

3.4.1.4　景观小品

音乐雕塑还可作为景观小品，用于坐凳、指示牌、照明灯具等设施。音符形象的景观小品如武汉音乐街的音符护栏与音符电话亭，厦门“鼓浪屿之波”乐谱护栏；音乐表演者形象的景观小品如哈尔滨“维也纳音乐公园”舞女形象的照明灯；乐器形象的景观小品，如哈尔滨音乐公园钢琴键座椅、长笛跷跷板，宁波琴桥公园的音乐秋千，“陕西戏曲大观园”中的鼓形垃圾桶、古琴形象指示牌等。

图 3-79　云南丽江雪山小镇优美的音乐水景

图 3-80　哈尔滨音乐公园的长笛跷跷板

图 3-81　宁波琴桥公园的音乐秋千

3.4.2　音乐空间

3.4.2.1　观演空间

观演空间是指室内外永久性观赏音乐表演的建筑，包括音乐台、音乐亭、戏台、露天剧场、音乐厅、剧院等。其中，音乐台、音乐亭、戏台、露天剧场常在园林中出现，并作为园林的一种景观形式，具有观景、点景、赏乐等多重功能。音乐亭和音乐台起源于西方，常用于表演古典乐曲；戏台起源于中国，专供表演中国传统戏曲（如昆曲、粤剧、越剧、黄梅戏等）。露天剧场的起源可以追溯到公元前5世纪，在20世纪后被广泛应用到园林中。

在英国维多利亚时期，伴随着管弦乐队的发展，许多公园在草地上建设音乐亭台供音乐表演使用，后来欧洲各国纷纷效仿。19世纪中叶，中国哈尔滨、上海、天津等租界城市率先建设城市公园，并组建城市交响乐团（如哈尔滨交响乐团、上海交响乐团），举办室内外音乐会。其中，室外音乐会又称为“夏季音乐会”，举办场所选择在公园大草地，那里一般建有音乐亭或音乐台。

20世纪后，城市中传统封闭式的剧院建筑开始探求改善与自然环境的关系，逐渐趋向于把建筑融入风景环境，形成优美动人的景观。典型实例有如1973年建成的澳大利亚悉尼歌剧院。它位于悉尼著名的海德公园内，建筑三面临海，采用独特的帆船造型，与周围碧海蓝天相映生辉，成为悉尼最为著名的地标景观。

从此，各类音乐建筑与园林环境的关系更加密切。现代音乐厅或剧院大都愿意选址在风景优美的园林环境中，使观众在观演之余也能享受置身于自然美景的舒适感。在公园中建设音乐建筑，还可以增加公园的文化特色。国内较为著名的实例，如北京中山公园音乐堂（1949年）、厦门鼓浪屿音乐厅（1987年）、广州星海音乐厅（1998 年）、浙江湖州长兴大剧院（2005 年）、武汉琴台大剧院（2007 年）、武汉琴台音乐厅（2009 年）等。

1. 音乐台

音乐台是建设在公园及风景区中专门用来表演与音乐有关内容的演出场所，通常包括露天舞台和观赏区。它在设计上吸纳了西方古典园林的特色，雅致美观，也常用来举办古典音乐会。

我国南京中山陵风景区音乐台建于 1933 年，位于中山陵广场东南侧，占地面积约 $4200m^2$，主要用作纪念孙中山先生仪式时的音乐表演及集会演讲。整个音乐台为钢筋混凝土结构，平面为半圆形。半圆形圆心处设置一座弧形钢筋混凝土结构的舞台及照壁。照壁坐南朝北，略呈围曲，立于须弥座上。既用作舞台背景，又起到反射声波作用。在舞台边

图 3-82　澳大利亚的地标景观——悉尼歌剧院

图 3-83　鼓浪屿音乐厅掩映在郁郁葱葱的花木之间

图 3-84　南京中山陵风景区音乐台

图 3-85　新加坡植物园音乐台

缘处有数道波浪形台阶，阶内填土以栽花草。舞台正前方有弯月状莲花池，用以汇集露天场地的天然积水，可增强乐坛的音响效果，舞台前为观众席，设计师巧妙利用草坪地形的自然起伏，做成由高到低的半圆形观众席。草坪被小径和走道台阶分为 12 块，可容纳观众 3000 余名。沿草坪周围绕以花架回廊，廊架上攀缘着紫藤等花木，游人可在此休息纳凉。每年在这里举办的“南京森林音乐会”，吸引了世界各地的游客前来观赏。

新加坡植物园（Singapore Botanic Garden）邵氏基金音乐台，坐落于植物园中心区的交响乐湖（Symphony Lake），南侧还树立有一座肖邦雕像。观众可随意就坐于湖边的草地，与音乐台隔湖而望。每逢周末假日，这里都会举办免费音乐会供游客欣赏。

2. 音乐亭

音乐亭是公园中供小型乐队演奏、音乐爱好者个人演唱或器乐独奏、重奏的园林建筑。迄今为止，国内城市公园里建设的音乐亭在形式上大致有欧式和中式两种，体量比一般亭子要大；匾额上多刻有“音乐亭”字样点明其功能属性。如广州市人民公园音乐亭建于 1926 年，位于公园轴线中心。亭子南北两侧分别书写有“音乐亭”和“与众乐乐”的字样，突出市民娱乐为主的意义。音乐亭周围是开敞的空地，用于集体音乐活动的举办。

广西柳州柳侯公园音乐亭建成于 1933 年，位于国民革命军第七军阵亡将士纪念塔（今柳州市解放纪念碑）南侧，是纪念塔的附属建筑物。音乐亭平面呈六角形，屋面铺设绿色琉璃瓦，红色立柱坐落在抬高的石灰岩柱础之上；檐口透花铁艺挂落中镶嵌有

图 3-86 广州人民公园音乐亭的北立面

图 3-87 英国罗宾纳公园音乐亭（维基百科）

图 3-88 英国圣詹姆士公园音乐亭

篆体的“音乐亭”和“1932”字样。我国著名音乐家马思聪、孙慎、舒模、吉联抗、黄力丁等都曾在该亭里举行过文艺活动。抗战期间，汇集柳州的文化名人在柳侯公园以军人服务部名义组织的百人合唱团,在音乐亭开展活动长达数年。如今,该音乐亭已经成为柳州市民举办音乐活动的重要场所。

西方现代公园里的音乐亭较英国维多利亚时代的音乐亭而言形式更为简洁、通透，常建设于公园大草地，亭外留有开阔的草地供游客驻足观赏，如英国达勒姆郡（County Durham）罗宾纳公园音乐亭和英国圣詹姆士公园（St. James Park）音乐亭。

3. 戏台

戏台即演唱戏曲的舞台，是中国传统的游憩建筑之一。传统戏台多见于唐宋时期的寺庙园林，明清时期的江南园林和皇家园林。现代园林中的戏台在形式上依然有许多保持了古典风格，如广州荔湾湖公园“荔枝湾大戏台”、福州茶亭公园“荷香戏台”、宁波壶山森林公园文化戏台等。

福州茶亭公园建于1986年，全园景致以水景为主，栽种了大面积荷花。“荷香戏台”坐落于荷池边，与盛开的荷花景观相映成趣。广州荔湾湖公园荔枝湾大戏台原是园门检票口，公园免票开放后改造为戏台。荔枝湾大戏台以传统岭南园林建筑风格为主，形式淡雅通透，周围花木繁盛。戏台为两面观演建筑，东南面临荔枝湾边的西关大屋文化休闲区，与观众席隔水相望；西北面朝树荫浓郁的小广场，是夏季纳凉观戏的好场所。

4. 露天剧场

露天剧场是建设于自然环境中的开敞或半开敞观演场所，包括表演舞台和观众看台。露天剧场通常坐落在风景优美的公园或景区的地势低凹处，中心设表演舞台，有声学挡雨棚和台面。舞台周围一般结合

图 3-89 美国休斯顿米勒露天剧场

图 3-90 柏林瓦尔德尼森林音乐剧场近景（网络图片）

图 3-91 柏林瓦尔德尼森林音乐剧场鸟瞰（网络图片）

石材和草地建设成阶梯状或缓坡看台。剧场周围种植茂盛的林木，不仅可作为声音反射墙，增强音响效果；也作为天然屏障防止声音扩散。著名的露天音乐剧场有美国好莱坞碗形露天剧场、休斯顿米勒露天剧场、瓦尔德尼森林剧场、英国摄政公园露天剧场等。

休斯顿米勒露天剧场（Miller Outdoor Theater）是美国最大的露天剧场，位于休斯敦市南区的赫曼公园（Hermann Park）东北角。剧场内有27排固定长椅，1582个座位。剧场后面约$743m^2$的草坪还可供4500人观看演出。从1923年开始，这里就成为休斯顿市提供免费户外演出的场所。每年4月到11月，几乎每个周末晚上都有免费演出或者电影放映。

柏林的瓦尔德尼森林剧场原貌为一片森林盆地，1935年，它被建设成为可以容纳几万人的露天剧场，设有88排环型坐席，可容纳22000名观众就座。1982年，剧场加建了一个巨大的双塔型白色顶棚。每年夏季，著名的“柏林森林音乐会”就在这里举行。

英国摄政公园露天音乐剧场（Regent's Park Open Air Theatre）是英国最著名的全露天室外剧场，周围林木茂盛，环境优雅。舞台设置在高大乔灌木形成的巨大绿墙前，形态自然，富有生气，常随不同演出内容增设不同场景道具，其材质与自然环境融为一体。在灯光及音乐的渲染下，艺术效果更加突出。看台位于舞台的一侧，随山坡逐渐升高，共设1240个室外座位，是英国拥有座位数最多的露天剧场。演出的剧目多为传统舞台剧及周末音乐会。

我国许多城市公园也建设有露天剧场，其中有些剧场以建筑为景观主体，如北京朝阳公园和上海世纪公园的露天剧场；也有一些公园剧场弱化建筑体量，强化周围自然环境，结合自然地形和丰富植被创造景观，如广东河源市客家植物园露天剧场、北京西山国家森林公园露天剧场等。它们与公园景观环境结合密切，体

图3-92 英国摄政公园露天剧场

图3-93 广东河源市客家植物园露天剧场

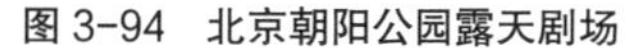

图 3-94　北京朝阳公园露天剧场

图 3-95　上海世纪公园露天剧场

现了公园特色，成为良好的音乐景观。

北京朝阳公园露天剧场坐落于公园中心岛上，周围湖水环抱，又称“中心岛剧场”。它占地面积 15400m^2，其中建筑面积 1215.23m^2，绿色人造草坪观众席面积 3400m^2，可容纳数千名观演人员。上海世纪公园音乐广场位于公园西侧，占地面积 8000m^2。观众席倚坡而建，可容纳 4000 多人。观众席前设舞台及音乐罩、灯控、音控及若干辅助用房。剧场周围大量应用植被隔声，其中不乏装点景观环境的彩色花木。

深圳湾公园日出露天剧场是弧形山体环抱的空间，三面环山，面向深圳湾，设计达到合适的空间声效要求，供市民在此开展音乐表演活动。著名的“深圳湾草地音乐会”就是在这里举办。同时，游客还可以坐在平坦的草坪上看日出。周围的植物配置也以象征太阳的红色系列为主，如夏天开红花的凤凰木，冬天开红花的羊蹄甲，秋天红叶植物大叶榄仁等。

北京西山国家森林公园露天剧场又称为“森林大舞台”，位于西山国家森林公园以东。舞台搭设在公园的一处小山坡上，周围是苍翠的油松林和绚丽的波斯菊花海，舞台和观众座椅均为原木所制，就地取材于油松林抚育时砍掉不用的木材，形态自然，与周围环境融为一体。自 2013 年起，这里已举办了三届的森林音乐会活动，目的是让大量游客走进森林、聆听音乐，传播森林文化理念，弘扬生态文明。

图 3-96　深圳湾公园中的游憩广场和小歌台

图 3-97　哈尔滨音乐公园音乐长廊

3.4.2.2　展览空间

1. 音乐展览馆

音乐展览馆是指通过乐器、乐谱、唱片、照片等内容展现音乐艺术及音乐历史的场所，如哈尔滨音乐公园的音乐长廊、上海国歌展示馆及纪念广场。

哈尔滨音乐公园的“音乐长廊”位于公园的中心位置。建筑全长 165m，高 41m，总建筑面积 2096.1m^2。分为主廊一层、局部四层、小廊一层。长廊两侧分别是公园管理室和哈尔滨音乐博物馆群力馆，在哈尔滨音乐博物馆群力馆中展出了一些乐器和音乐手稿，长廊内壁上悬挂有记录了哈尔滨百年音乐史的讲解板。

上海国歌展示馆建于 2009 年，是全国第一个以国歌为主题的音乐展览馆。展馆建筑占地约 1500 m^2，由序厅、国歌诞生厅、国歌纪念厅、国歌震撼厅、辅厅（世界国歌厅）和国歌厅组成。展厅内采用世界先进的 48 声道环形影院，通过 400 余件文物、文献和历史照片展示国歌诞生的历史过程。展馆外建有国歌纪念广场，占地约 2.7 万 m^2，是一个大型开放式圆形广场，寓意《义勇军进行曲》从上海唱响后，传遍大江南北。广场中央矗立着一面国旗雕塑，正面采用海浪、冲锋号角等形象作为附衬，表现国歌在经过战争和历史风云的洗礼后，呈现出坚实厚重的肌理和斑驳色彩。

2. 乐器博物馆

乐器博物馆是以乐器收藏和展览为主要目的的音乐展馆，我国厦门鼓浪屿景区中的“钢琴博物馆”和“风琴博物馆”就是典型代表，十分著名。

2000 年 1 月落成的鼓浪屿钢琴博物馆位于菽庄花园“听涛轩”，建筑占地

图 3-98　上海国歌纪念广场

450m²，分 A、B 两所和上下两层。博物馆里陈列了爱国华侨胡友义收藏的 40 多架古钢琴，其中有稀世名贵的镏金钢琴，世界最早的四角钢琴和最早最大的立式钢琴，古老的手摇钢琴还有产自 100 年前的脚踏自动演奏钢琴和八个脚踏的古钢琴等。

作为目前国内唯一的钢琴博物馆，它很好地展示和传播了钢琴音乐文化。鼓浪屿还有一处钢琴艺术馆，是当今世界上最大的私人钢琴展馆，也是全球唯一可供旅游者亲身体验弹奏的钢琴馆。它由厦门三乐钢琴有限公司著名钢琴制造家黄三元老师创办，面积达 5000m²。展馆分为中国名人艺术品、世界钢琴艺术品、钢琴制造史三个展区。这两座以“钢琴”为内容的音乐展览馆在建筑设计上都巧妙运用了“黑白钢琴键”的设计元素，使得建筑造型独特、美观且主题鲜明。

鼓浪屿风琴博物馆位于鼓新路 43 号，原名“八卦楼”，房产归台湾板桥林家林鹤寿所有。2004 年政府接管后开始筹建，于 2005 年 2 月 1 日对外开放，展出藏品均由旅澳华人胡友义先生捐建。目前，有 88 件馆藏品产自英国、德国、美国、澳大利亚、意大利、法国等多个国家，是国内唯一、世界最大的风琴博物馆。

图 3-99　鼓浪屿菽庄花园里的钢琴博物馆

图 3-100　位于鼓浪屿世界遗产点八卦楼内的风琴博物馆

图 3-101　鼓浪屿风琴博物馆内的古风琴

3. 名人纪念馆

音乐名人纪念馆是为纪念音乐名人而开辟的文物保管、陈列和研究场所，也是将人物、地点和事实紧密联系并以一种艺术视觉形象展现在世人面前的艺术空间。纪念馆的对象一般为对音乐历史发展产生重大推动作用，或是在音乐领域内取得过举世瞩目的成就且享有崇高的历史地位的音乐家。馆藏品通常以音乐名人的奋斗历程为主要内容，陈列与其相关的纪念照片、演奏乐器、创作手稿、作品名录、生活旧物等，展现其艺术成就和人格魅力。

我国已建设了一些音乐名人纪念馆，如哈尔滨“郑律成纪念馆”，江苏无锡“华彦钧纪念馆”，无锡太湖鼋头渚风景区、云南玉溪聂耳公园、玉溪聂耳文化广场的“聂耳纪念馆”，广州麓湖公园“冼星海纪念馆”，江苏泰州“梅兰芳纪念馆”公园等。这些纪念馆通常依照名人故居旧址而建，包括名人出生地，长期生活工作过的住所，虽短暂居住却为人生重要阶段的住所。建设于公园内的纪念馆通常掩映于花木之间，建筑形式与公园风格相统一，展现地方特色。纪念馆的形式既可以作为园林内的一座独立建筑，亦可结合园林造景布置形成园林式纪念馆，如江苏泰州“梅兰芳纪念馆”，就是由清代风格的展厅建筑与江南古典园林特色的庭园院落组成。

音乐名人纪念馆的陈列方式常有两种：一是以照片、文物、绘画、雕像等为主的视觉展示；二是结合了声、光、电等技术的多维展示，包括视频、音频、全景动画、幻影成像、多媒体互动沙盘等，具有体验性、趣味性、参与性和互动性。如云南

图 3-102　位于鼓浪屿世界遗产点八卦楼内的风琴博物馆

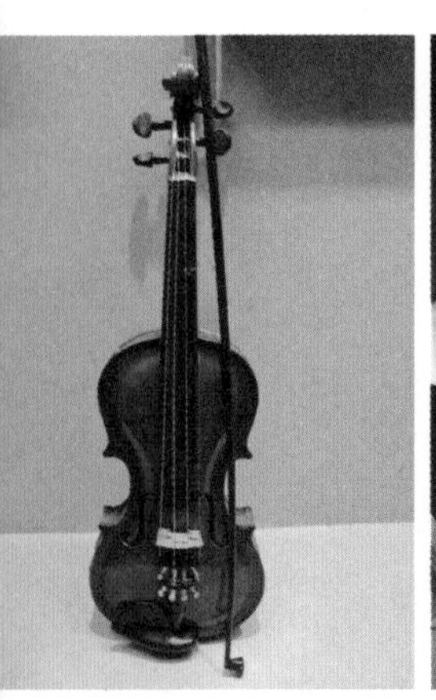

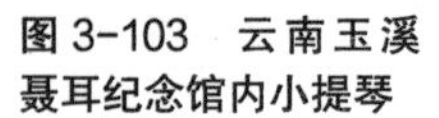

图 3-103　云南玉溪聂耳纪念馆内小提琴

图 3-104　云南玉溪聂耳纪念馆内景

图 3-105　江苏泰州梅兰芳纪念馆内景

玉溪聂耳文化广场景区“聂耳纪念馆”分为序厅，一、二楼展厅和三楼大型半景画演示厅，四楼报告厅。序厅主要展示了聂耳及冼星海、贝多芬等国内外 8 位著名音乐家的塑像。展厅通过照片、实物、多媒体设备、微缩景观等展现了聂耳的生活场景、时代背景及音乐作品。再如江苏泰州梅兰芳纪念馆公园“史料陈列区”，设有实物厅、桃李厅和多功能音像厅等 7 个展厅，另有一个多功能音像厅，主要播放梅兰芳舞台艺术资料片。

4. 名人故居景点

维也纳被誉为“音乐之都”和“古典音乐的摇篮”，18 世纪以来，世界上许多著名的音乐家，如海顿、莫扎特、贝多芬、舒伯特、施特劳斯等，都在维也纳度过其音乐生涯中的许多时光，谱写了大量优美的乐章。后来，他们居住过的地方被作为音乐遗址保留下来供人瞻仰追思。如贝多芬“海利根施塔特遗嘱”故居，安东· 布鲁克纳小屋，阿特尔湖畔马勒作曲小屋，舒伯特故居，约翰· 施特劳斯故居，海顿、勃拉姆斯故居，格鲁克故居，莫扎特“费加罗屋”等。这些故居遗址保留了音乐家创作时期的原貌，讲述与他们相关的音乐故事，是当地著名的旅游景点。

一些音乐名人故居结合庭院和周围人文环境，以寻找音乐家足迹为线索设计了一系列景点。如贝多芬“海利根施塔特遗嘱”故居为庭院建筑，小屋内展示有贝多芬的手稿复制品以及在此写下的“海利根斯塔特遗嘱”复制本。观众利用耳机可以从播放系统里听到著名戏剧演员用德文朗诵遗嘱的录音，背景衬托的音乐是第四交响曲的第二乐章。从屋内的窗子可以望见远处的教堂，听见教堂的钟声。相传贝多芬有一天突然意识到教堂的钟声已经数天不响的时候，他意识到自己的耳朵已经聋了。小屋后院有木椅、长桌、柴房、水井、篱笆等乡村庭院景观。

在小屋附近，有一条绿荫覆盖的“贝多芬小径”，当年贝多芬为寻找创作灵感常在小径上散步，著名的第六交响曲《田园》的创作灵感即产生于此。小径旁有溪水与别墅，小径末端安放有一座贝多芬头像雕塑，他的目光正注视着维也纳森林的方向。此外，附近有一条通向“贝多芬小径”的巷子叫“英雄巷”，它以贝多芬在那里谱写出《降 E 大调英雄交响曲》而得名。

贝多芬故居坐落于波恩市中心一条名叫波恩街的小巷里，楼高三层。贝多芬于 1770 年 12 月 16 日在此诞生，而他后来住过的地方大都没能保存下来。这幢贝多芬诞生的房子却幸存下来，并保持了 18 世纪的原貌。1889 年，波恩的几位市民为保护贝多芬故居免于破坏，共同将其购买下来，建成了贝多芬博物馆。

马勒作曲小屋位于奥地利阿特湖边的草地上。小屋三面有窗一面是门，面向湖水的一面为窗。百余年前，小屋里只有一个火炉、一张桌子、一把椅子和一台蓓森朵夫（Bosenderfer）小钢琴。如今，小屋增设了展柜，展示有关手稿、出版物及照片。相传，1895 年，马勒每天早晨 7 点左右便

图 3-106　德国波恩贝多芬故居

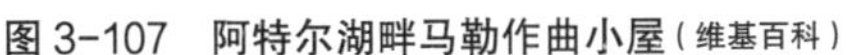
图 3-107　阿特尔湖畔马勒作曲小屋（维基百科）

图 3-108　挪威音乐家爱德华·格里格在特罗豪根的故居

图 3-109　维也纳施特劳斯咖啡馆外景

图 3-110　贝多芬“海利根施塔特遗嘱”故居

从客栈来到小屋，看着窗外的湖景山色构思他的《第三交响曲》。1896 年，《第三交响曲》在小屋内完稿。今天，当游客站在作曲小屋窗前，背对湖水看着对面的阿尔卑斯山脉的支脉，听着小屋墙角上方小音箱里传来的第一乐章 8 支圆号的齐奏，可感受到一种来自湖水与山峦之间的呼唤，仿佛是当年被马勒记录下来的永恒旋律。

除了上述音乐名人景观空间外，还有一种是结合当地音乐故事，以音乐名人或其音乐作品为主题的音乐餐厅，如维也纳的“约翰·施特劳斯咖啡馆”、意大利的“图兰朵咖啡馆”及北京台湾街的“邓丽君音乐主题餐厅”等。餐厅内通常摆设有音乐家的相关物品，也会有表演舞台，用于举办小型音乐会。如意大利古镇洛卡的“图兰朵咖啡馆”，名字取自歌剧大师普契尼的歌剧作品《图兰朵》(Turandot)，纪念诞生于此地的普契尼先生。咖啡馆不远处的圣米歇尔大教堂的广场上，还树立有音乐家普契尼先生的铜像。

3.4.3 音乐水景

音乐水景的主要表现形式是音乐喷泉，它是应用现代电子技术，为了观赏娱乐而特制、水形可随音乐旋律和节奏变化的喷泉。其基本原理是在程序控制喷泉动作的基础上加入音乐控制系统，通过计算机对音频及音乐设备数字接口信号（MIDI）的识别、译码和编码，最终将音频信号输出到控制系统，使喷泉的造型

图 3-111　中国改革开放初期首批建设音乐喷泉的广州草暖公园外景

图 3-112　南昌红谷滩秋水广场音乐喷泉

及灯光的变化与音乐保持同步，达到喷泉水型、灯光及色彩的变化与音乐情绪完美结合，使喷泉表演更加生动且富有内涵，充分体现水景艺术的魅力。

1930 年，德国发明家奥图皮士特先生率先提出音乐喷泉的概念。1952 年，在西柏林的工业展览会上展示了音乐喷泉的表演形式。1953 年，音乐喷泉在美国首次表演。1980 年，法国巴黎拉德芳斯广场建设了著名的“阿加姆”音乐喷泉，表演著名作曲家格什温的《蓝色狂想曲》、柴可夫斯基的《悲怆交响曲》、佩潘和阿乐纳德合作的《水上芭蕾舞曲》等世界名曲。此后，音乐喷泉在全球许多城市中大量建造，其中较著名的喷泉有迪拜音乐喷泉、拉斯维加斯音乐喷泉、西班牙广场的蒙特伊克喷泉、韩国盘浦大桥彩虹喷泉等。

中国现代音乐喷泉是改革开放后的 20 世纪 80 年代从国外引入。早期建设的著名景点有广州草暖公园音乐喷泉、佛山文华公园音乐喷泉、泉州西湖公园音乐喷泉、重庆中央公园音乐喷泉等。

图 3-113 广东河源市新丰江音乐喷泉全景

图 3-114 广东河源市新丰江音乐喷泉与瀑布景观

图 3-115 西安大雁塔音乐喷泉全景

图 3-116 西安大雁塔广场喷泉局部

广州草暖公园建于1985年，取唐代李贺“草暖云昏万里春”之意命名，集游览观光、歌舞宴乐等功能于一体。园内主要建筑包括音乐喷泉、带有舞池的咖啡厅、会议室和花架休息平台等。园内咖啡楼的厅堂内外均建有喷水池，院外几何形水池中设有碟式喷水装置，院内为彩灯音乐喷泉，喷水池宽达100m^2，是广州市区首次建成的一座大型的现代化声光电子音乐喷泉装置。

北京奥林匹克森林公园音乐喷泉和青岛世园会音乐喷泉都建设在公园湖面上，不仅喷泉规模大，观赏视野也很开阔。北京奥林匹克森林公园音乐喷泉位于南入口北侧的“奥海”，湖面广阔，四周水草丰美，众多白色水鸟栖息于此。2014青岛世界园艺博览会音乐喷泉位于李沧区百果山森林公园天水湖里，数百个喷头安装在一个长120m、宽90m的水下钢结构平台上，可上下浮动升降，形成喷泉水景表演的舞台。几百条水柱伴随着或激昂或舒缓的音乐翩翩起舞，编织出无数美妙图案。观众席沿湖岸的山坡设置，较好地利用了地形，观赏视野开阔，视线条件优越。

南昌秋水广场位于赣江之滨，与江南名楼滕王阁隔江相望，是以音乐喷泉为主题景观的大型休闲广场。喷水池面积约12000m^2，水景长达800m，共装有1600多个喷头，主喷高达128m。喷泉运用高科技组合，使声、光、电各项元素交相辉映，水景有华尔兹、光芒四射、长虹卧波、孔雀开屏等多种形态，变幻万千，令人叹为观止。再如广东河源市区的新丰江音乐喷泉，结合两岸的园林绿地布置，每晚8点开始表演，绚丽多彩，为“客家古邑、万绿河源”增添了一道亮丽景观。其中央喷泉最高可达140多m，被誉为“亚洲第一高喷”。

西安大雁塔音乐喷泉位于大雁塔北广场中轴线上，以大雁塔古迹为背景，呈T字形结构布局；南北长350m，东西宽218m，总面积约为2万m^2。喷泉水景分为百米瀑布水池、八级跌水池及前端音乐水池三个区域，可分区独立表演或整体表演。喷泉背景音乐名为《水幻大唐》，由陕西著名作曲家崔炳元创作。全曲为交响组曲结构，演奏28分钟，分为六个乐章：第一章《雁塔鸣钟》，第二章《水流梵音》，第三章《霓裳艳影》，第四章《古道驼铃》，第五章《曲江芙蓉》，第六章《水幻大唐》。水舞设计与乐曲意境一致，呈现出规模宏大、气势磅礴、繁荣昌盛的特点，很好地呼应了西安的大唐文化主题。

澳门永利酒店前庭音乐焰火喷泉建于2006年，位于永利度假村正门。音乐喷泉由200个喷嘴、焰火发射器和1000多盏彩色射灯所组成，各种喷泉水形随着音乐旋律不断变化舞动，条条射流和数不尽的水珠在激光的照射下，幻化成七彩的星光和水幕，配合水中不时喷出的火焰，营造出梦幻般的动人水景。

3.4.4 音乐活动

音乐活动是由活动参与者构成的动态景观，景观设计为音乐活动提供舞台空

图 3-117 澳门永利酒店前庭音乐焰火喷泉

间。园林中的音乐活动可以分为三类：音乐表演、大众歌咏和园林音乐节。

3.4.4.1 音乐表演

园林音乐表演的产生源于商业性主题公园的发展。在商业性主题公园中，音乐以娱乐产业的形式存在，是一种动态视听景观，为公园营造独特的音乐环境，带来欢乐的游园气氛。

园林音乐表演具有主题性，表演内容及演出服饰均围绕主题而设定。音乐表演一般出现在公园的露天剧场、剧院、主要游览街道、主题景区等地点。表演可分为观赏类和互动类，观赏类如露天场地歌舞及器乐表演、大型音乐演出等；互动类主要指专业人员与游客一同进行的互动演出。

国内主题公园音乐表演活动示例 表 3-1

园林名称	地点	主题	音乐表演类型
民俗文化村	广东深圳	民族文化	民俗歌舞表演、音乐情景剧
世界之窗	广东深圳	世界文化	大型文艺晚会
宋城景区	浙江杭州	大宋文化	大型歌舞《宋城千古情》
大唐芙蓉园	陕西西安	大唐文化	歌舞剧《梦回大唐》
长隆海洋王国	广东珠海	海洋动物	音乐烟花、歌舞表演、音乐情景剧

珠海长隆海洋王国的音乐表演包括：

① 露天歌舞及器乐表演，如海洋大街“海洋王国欢迎您”由海洋王国家族成员在主题曲《长隆之约》伴奏下进行歌舞表演；“音乐使者”乐队在景区游览街道即兴演奏乐曲；海洋奇观“海洋嘉年华”由工作人员与舞蹈队的歌舞欢庆表演。

② 花车巡游，即横琴海的“海洋大巡游”，荟萃园内各式海洋动物主题花车在音乐旋律下巡游式表演。

③ 音乐情景剧，如海豚湾“海盗幻想曲”歌舞情景剧。

④ 声光景观，如横琴海“烟花幻彩横琴海”展现了一场集音乐表演、花样喷泉、灯光、烟火和水上特技运动于一体的大型游乐节目。

深圳民俗文化村的音乐表演主要有：

① 音乐剧场大型音乐汇演，如凤凰广场的《龙凤舞中华》是集合了声、光、电、水等所有的现

图 3-118　丽江古镇大研花巷音乐人

图 3-119　日本北海道白色恋人音乐花园

图 3-120 珠海长隆海洋王国海洋大街载歌载舞的“音乐使者”

图 3-121 珠海长隆海洋王国海洋大街花车巡游

图 3-122 香港迪士尼乐园传统音乐歌舞巡游

代舞台手段的歌舞艺术表演；印象中国剧场的《新东方霓裳》是大型民族服饰舞蹈表演。

② 主题景区民俗歌舞表演，民俗文化村内含有21个民族的25个村寨，分别有不同风格的歌舞表演，如傣寨的《版纳风情》、苗寨的《芦笙场恋歌》、彝寨的《阿诗玛的故乡》等。

深圳民俗文化村的音乐表演活动一览表 表3-2

音乐景观类型	节目名称	表演地点
大型艺术汇演	龙凤舞中华	凤凰广场
	新东方霓裳	印象中国剧场
民俗歌舞表演	天山儿女	维寨
	神秘的西藏	藏寨
	版纳风情	傣寨
	神奇的阿瓦山	佤寨
	芦笙场恋歌	苗寨
	哈隆闺	黎寨
	女儿国的故事	摩梭寨
	阿诗玛的故乡	彝寨

3.4.4.2 大众歌咏

城市公园里经常可以看到由群众自发举办的一些音乐活动，如歌唱、舞蹈、器乐表演、戏曲表演等，这些音乐活动成为公园里重要的人声景观，为公园带来欢快的音乐气氛，表现了人民群众对美好生活的向往。举办者一般为退休的中老年人，活动地点集中在游憩广场或专门的活动舞台。

广州流花湖公园位于市区东风西路以北，建于1958年，占地54.43hm^2，是一处集游览、娱乐、休憩功能为一体的综合性公园。园内有个景点“流花歌台”坐落在公园北部流花湖畔。歌台呈扇形，背靠小山坡，三面绿荫环绕，与一水之隔的浮丘景区遥遥相望。每天，市民自发组成的歌咏团队在此挂起歌谱，摆开乐器，放声歌唱，翩翩起舞，其乐融融，呈现一派和谐的景象。广州天河公园内也有一处“爱国歌曲大家唱”的活动点，位于主园路旁的斜坡地段，背山面水，林木葱茏。活动点内设有矩形舞台和台阶式观众席，可容纳数百人观演，十分热闹。

西安大雁塔北广场东苑的“陕西戏曲大观园”，是以陕西戏曲艺术为主题的休闲主题公园，园区中经常可以看到一些自发组织的秦腔戏班即兴表演。参加人员多为40岁以上的戏曲爱好者，自带话筒、音响等设备，在公园内的露天小舞台等

图 3-123　广州天河公园的群众歌咏活动

图 3-124　广州白云山风景区山顶的“大家唱”

图 3-125　新加坡克拉码头旅游景区里的音乐表演

图 3-126　乌鲁木齐植物园里放歌怡情的老年人

地自娱自乐，常吸引了不少观众捧场。类似情形，在各地城市公园里常可见到。

3.4.4.3　园林音乐节

园林音乐节是指多次在园林环境中举行的持续数天或数周的以音乐艺术为主题的庆祝活动。按照内容主题来划分，有纪念某位音乐家的音乐节，如“巴赫音乐节”“贝多芬音乐节”“梅纽因音乐节”“肖邦音乐节”“聂耳音乐节”；有展示富有特色的音乐作品的音乐节，如“多瑙厄申根音乐节”；还有结合园林环境抒发情感的音乐节，如长城音乐节、花田音乐节。此外，有的音乐节不是以器乐、声乐等音乐表演为主，而是以灯光、烟花等美丽的物象搭配音乐创造的表演，如音乐烟花节、音乐灯光节等。

园林音乐节是音乐艺术与园林景观和谐交融，不同风格意境的音乐作品可以搭配不同的园林场景。在园林中，听众不需要像在音乐厅中西装革履、正襟危坐，而是可以非常轻松惬意地欣赏音乐。园林音乐节的意义不仅是让游客在游园时听

图 3-127　陕西戏曲大观园入口秦腔艺术家雕塑

图 3-128　波兰华沙肖邦公园露天音乐会

图 3-129　波兰华沙肖邦公园雕塑广场的音乐会

到高品质的音乐，而且通过休闲放松的方式，让更多人有机会感受音乐艺术的魅力。例如，在波兰华沙的（Lazienki Park）瓦金基公园，又名肖邦公园里，每年 6 ~ 9 月期间，每逢周末假日都会在肖邦雕像下举行露天音乐会。公园内遗存下来的历史建筑也被作为露天剧场，经常举办音乐活动。

维也纳美泉宫，德文 Schloss Schönbrunn，是坐落在奥地利首都维也纳西南部的巴洛克艺术建筑，曾是神圣罗马帝国、奥地利帝国、奥匈帝国和哈布斯堡王朝家族的皇宫。1743 年，奥地利女皇玛丽娅· 特蕾西娅下令在此营造气势磅礴的皇宫和巴洛克式花园，总面积 26000m^2，规模仅次于法国的凡尔赛宫。美泉宫背面

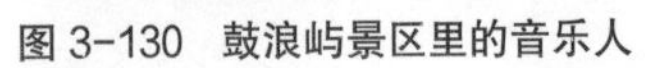

图 3-130　鼓浪屿景区里的音乐人

图 3-131　鼓浪屿景区里的弹唱音乐人

图 3-132　乌鲁木齐植物园里业余管乐手的三重奏

图 3-133　上海复兴公园音乐亭旁长寿合唱团活动景观

的皇家花园是一座典型的法国式园林，硕大的花坛两边种植着修剪整齐的绿树墙，绿树墙内是 44 座希腊神话故事中的人物。花园的尽头是一座“海神喷泉”，西侧是动物园和热带植物温室。美泉宫的最高点是凯旋门，皇宫侧翼是剧院，海顿和莫扎特都曾在此演出过。

自 2004 年起，美泉宫花园每年举办美泉宫仲夏之夜音乐会，成为维也纳市政府继金色大厅新年音乐会之后倾力打造的又一个世界乐坛音乐盛会。音乐会均由维也纳爱乐乐团演奏，邀请世界著名指挥家和国际一流艺术家参与演出。第一届美泉宫夏夜音乐会于 2004 年 5 月 2 日晚举行，由鲍比· 麦克费林执棒指挥，现场观众 7 万，是为了庆祝欧盟扩大而组织的一场“全欧洲的音乐会”。第二届于 2005 年 6 月 8 日晚举行，世界著名指挥家祖宾· 梅塔执棒，中国音乐家郎朗担任钢琴独奏，现场观众近 9 万。从那以后，每年的初夏在美泉宫花园，维也纳爱乐乐团都会举行一场露天的晚场音乐

图 3-134　维也纳美泉宫仲夏之夜音乐会

图 3-135　奥地利维也纳美泉宫花园

会。音乐会舞台位于美泉宫中心大花坛与海神喷泉前。富丽繁华、规整壮观的皇家园林为典雅、精致的古典音乐提供了理想的表演场所，不仅将音乐带回到它被创作时的年代，用历史的风景衬托出古典音乐的气质，更让古典音乐走进自然，在花木泉水之间展现艺术的灵动。

绵亘万里，雄伟壮丽的长城是中华民族的伟大象征。自 2006 年起，每年重大节日期间，北京怀柔区响水湖长城和慕田峪长城都会举办“长城音乐会”，用音乐抒发对祖国的热爱之情。如响水湖长城 2006 年 7 月 31 日举办“发扬革命传统爱我中华”大型音乐会，2008 年 5 月 2 日举办“大型古筝音乐会”，为北京奥运会助威喝彩。2010 年 5 月 23 日，慕田峪长城国际文化节开幕，由中国长城学会、怀柔区慕田峪长城旅游区办事处、西班牙驻华大使馆共同举办了“长城风笛音乐会”。100 名风笛手在海拔 600 多 m 的长城古栈道上边走边奏，演绎了西班牙人的激情。

2012 年 10 月 1 日，响水湖长城举办“中国国际民族器乐艺术节音乐会”，用传统器乐抒发爱国情怀。2016 年 10 月 1 日，响水湖长城举办“放歌长城，祝福祖国”主题音乐会。这些音韵乐声久久回荡在长城内外，震撼着每一个听众的内心。

北京房山区长沟镇域内林木相接、流水潺潺，是天然的休闲胜地。花田音乐节是长沟镇“城市之外，水岸花田”新品牌发布后的首个大型户外音乐品牌，不但成为长沟镇“休闲度假”环境特征的延续，也是房山区旅游文化节的支撑活动之一。花田音乐节营造“亲近自然、健康生活、享受艺术”的整体氛围，表达热爱都市又向往自然的都市人群审美趣味。它以“幸福田野”为主题，以打造自由优质音乐节为宗旨，演绎国际化民谣音乐盛宴。自 2010 年起，每年 5 月 15 日前后，花田音乐节都会在北京房山长沟镇花田湿地音乐公园盛大举办，吸引了无数游人

图 3-136　北京响水湖长城“放歌长城祝福祖国”主题音乐会（光明网）

图 3-137　北京市房山区长沟镇花田音乐节（房山广电传媒网，李治国摄）

前来观光。花田音乐节借助长沟镇“水岸花田”的生态景观优势及强大的创意支持，打造独具特色的表演舞台，舞美设计风格混搭都市与生态元素，自然与城市的和谐交融，流露出乡村音乐的传统神韵与现代大都市的艺术浪漫，让观众们流连忘返。音乐节设有创意集市、篝火晚会及娱乐区、露营区等一系列功能区，较好地满足了音乐爱好者的休闲娱乐需求。

音乐烟花是一种将焰火燃放节奏与音乐节奏、旋律、意境等有机融合的户外艺术表演形式。燃放的焰火品种根据事先剪辑的音乐而选取，按照音乐的节奏来编排焰火燃放的数量、节奏及造型组合。音乐烟花节通常选择在公园或者旅游景区的湖面上空，在公园夜景的衬托下绽放迷人的光彩，如加拿大蒙特利尔国际烟花节、上海国际音乐烟花节、澳门国际旅游烟花节等。

灯光音画是利用现代电脑技术操控大量冷光源 LED 景观灯实现音乐、灯光相匹配，灯光随音乐的节奏而变化。设计师通过运用灯光的变化方式建立光与音乐构图、秩序和节奏相一致的动感情景，达到渲染空间、创造音乐意境的艺术效果。

近年来，随着科技进步又出现了一种全新的音乐景观表现形式——无人机空中音乐灯光表演。数百架安装有 LED 彩灯的无人机同时起飞，在电脑程序的控制下随着音乐在空中翩翩起舞，视听效果令人耳目一新。目前，美国 Intel 公司和日本 MicroAd 公司都成功举行过无人机空中音乐灯光表演，景观效果极其震撼。

2016 年 11 月，英特尔公司动用 300 台无人机在美国佛罗里达州的迪士尼主题乐园上空，进行了“星光假日（Starbright Holidays）”空中音乐灯光表演，用无人机变幻组合成圣诞树等各种图案，为即将到来的圣诞节增添了特殊的欢乐气氛。

2010 年圣诞节之夜，新加坡圣淘沙岛旅游区“仙鹤芭蕾”音乐水景惊艳亮相，是迄今为止全球最大的户外电动机械演出。它通过令人惊叹的机械舞蹈、音乐喷泉、灯光焰火、水幕电影和交响配乐，展现了两个机器人之间一段恢弘梦幻的神奇爱情故事奇观。

图 3-138　新加坡圣淘沙景区运用现代高科技制作的大型音乐水景——仙鹤芭蕾

图 3-139　珠海长隆海洋王国音乐喷泉灯光秀中的无人机造型景观

图 3-140　澳门 2014 国际旅游烟花节

图 3-141　美国迪士尼乐园 300 架无人机“星光假日”音乐灯光表演

此外，园林景区里的音乐活动还包括音乐家、乐手、艺人及爱好者的演艺活动所构成的特殊景观。在相关设计时要充分了解这些音乐人的活动需求，为他们提供适当的空间环境和配套设施，使之艺术才华能够得以充分发挥，为景区增色。

从艺术审美的角度来看，音乐主题景观的最高境界应为名曲、名人与名景的高度融合，形成天籁之音、旷世绝唱。它能给人带来无以伦比的艺术感受和震撼心灵的审美情感，这是一般场景的音乐演出所无法比拟的。例如，2013 年 7 月 20 日云南玉溪聂耳文化广场的国歌音乐会，将人民音乐家聂耳的伟大作品与振兴中华的“中国梦”关联演绎，形成了无比辉煌的壮丽景观。2017 年 5 月，在国家重点风景名胜区的延安黄河壶口瀑布旁，由浙江卫视、西安交响乐团、西安音乐学院等单位联合组织了一场音乐会。著名钢琴家李云迪与乐队、合唱团完美合作，在波涛汹涌的黄河边，把中国近代史上人民音乐家冼星海的代表作《黄河大合唱》演绎得淋漓尽致。雄浑的交响音画气势磅礴，感人至深。

图 3-142　上海国际音乐烟花节

图 3-143　云南玉溪聂耳音乐广场《国歌唱响中国梦》音乐会场景（云南卫视 2013 年 7 月 20 日）

图 3-144　国家重点风景名胜区黄河壶口瀑布旁的《黄河大合唱》实景演出（浙江卫视 2017 年 5 月 12 日）

图 4-1　北京国家大剧院梦幻般音乐建筑与灯光水景的交响

第4章　音乐主题景观要点

4.1　音乐主题景观表现类型

4.1.1　音乐主题公园

根据我国的《城市绿地分类标准》，音乐主题公园属于公园绿地大类中的专类公园，是以音乐文化为主题，以园林环境为载体，集音乐活动、音乐主题景观于一体的休闲娱乐活动空间。其主要功能是让群众在园林环境中体验音乐艺术、感受音乐内涵，通过欣赏音乐放松心情和陶冶情操。按照公园的内容与形式，又可细分为音乐名人园、音乐艺术园、音乐故事园、音乐产业园四类。

4.1.1.1　音乐名人园

音乐名人园是在音乐名人活动过的地方建设的具有一定纪念意义的公园绿地或景区，如奥地利维也纳城市公园（Wiener Stadtpark）、芬兰赫尔辛基西贝柳斯公园（Sibelius Park）、我国上海聂耳音乐广场、云南玉溪聂耳公园、河北平山曹火星纪念园等。音乐名人园在城市绿地系统中，面积较大的一般以公园的形式出现，如云南玉溪聂耳公园；面积较小的城市广场或综合公园的景区，如上海聂耳音乐广场和广州麓湖公园的星海园。

音乐名人园通常围绕音乐家的生平经历、音乐作品、情感特征等展开设计，利用音乐家雕像、纪念碑、纪念馆等景观形式表达主题，有的还利用广场、剧场、大草地等举办纪念音乐会。其中的大部分公园被确定为爱国主义教育基地。园内景观营造运用了各种音乐元素和名人事迹，如音乐形象的小品、雕塑以及音乐名人纪念馆等。

图4-2　赫尔辛基西贝柳斯公园管风琴雕塑

图4-3　上海聂耳音乐广场

国内外音乐名人园示例 表 4-1

名称	地点	建成时间	音乐形象的景观形式
施特劳斯公园	奥地利维也纳	1862 年	音乐家雕像、音乐厅、纪念草地、喷泉
西贝柳斯公园	芬兰赫尔辛基	1922 年	管风琴雕塑、西贝柳斯头像
肖邦公园	波兰华沙	1958 年	肖邦雕像、露天剧场
麦新烈士陵园	内蒙古通辽	1971 年	麦新雕像、纪念碑、墓园
麓湖公园星海园	广东广州	1985 年	冼星海雕像、纪念馆、音符廊架及铺地
聂耳公园	云南玉溪	1987 年	聂耳雕像、纪念馆、琴台泉、“音乐魂”浮雕
梅兰芳纪念馆公园	江苏泰州	1988 年	梅兰芳雕像、纪念亭、史料陈列馆、戏曲扮相雕塑、仿古戏台、京剧知识长廊
聂耳音乐广场	上海	1992 年	聂耳铜像、曲谱铺地、高音谱号小品
施光南音乐广场	重庆	2000 年	施光南雕像、纪念馆、露天音乐广场
施光南音乐广场	浙江金华	2003 年	景观柱、音乐门、音乐墙、雕塑、铺装
聂耳文化广场	云南玉溪	2006 年	聂耳大剧院、聂耳图书馆、纪念馆、小提琴广场、聂耳雕像、世界音乐家雕像
曹火星纪念园	河北平山	2006 年	曹火星雕像、纪念碑、纪念亭、纪念馆
田汉文化园	湖南长沙	2018 年	田汉铜像广场、戏剧雕塑园、月光湖、田汉故居、田汉艺术中心、国歌广场、田汉艺术学院、古戏台、戏剧艺术街、田汉文化美食街

1. 景观类型

音乐名人园不仅要突出纪念性，还要体现音乐主题内容。

纪念性主要通过与名人生平经历相关的纪念雕塑、历史遗址、纪念广场、纪念馆等景观来表现，如云南玉溪聂耳文化广场景区的《聂耳与田汉》组合雕塑，再现了聂耳与田汉共同创作《义勇军进行曲》时的情景，展现了聂耳与田汉的革命友谊。

音乐性主要通过音乐艺术类景观来表现，包括静态的乐器雕塑、音乐展馆、音乐厅和动态的音乐喷泉、音乐表演等。如芬兰赫尔辛基市的西贝柳斯公园有一座著名的“管风琴”雕塑，它的设计构思源于西贝柳斯伟大的音乐作品《芬兰颂》。600 根高低错落的银色空心钢管塑造出管风琴的形象，同时象征乐曲中激昂高亢的爱国情感。值得注意的是，音乐表演是音乐名人园中的重要景观类型，如聂耳文化广场景区“中国聂耳音乐（合唱）周”、肖邦公园“肖邦音乐会”等，这些表演通过歌唱、舞蹈、器乐演奏等方式带给观众美好的视听体验，也表达了对音乐家的纪念。

以奥地利维也纳城市公园为例，其音乐主题景观分为四类：第一类是音乐家雕塑，包括“华尔兹之王”约翰·施特劳斯（Johann Strauss）、古典音乐大师弗朗兹·舒柏特（Franz Schubert）、交响乐和宗教音乐作曲家安东·布鲁克纳（Anton Bruckner）、轻歌剧作家弗兰兹·雷哈尔（Franz Lehar）以及罗伯特·施托尔茨（Robert Stolz）等；第二类是音乐厅空间，即库尔沙龙（Kursalon Hübner）（又称为施特劳斯家族音乐厅），用于举办音乐会；第三类是纪念草地，即约翰·施特劳斯草地（Johann-Strauss-Wiese），用于举办纪念类和游憩类公共活动；第四类是喷泉水景，用优美的泉水声为公园创造自然音乐。

再如我国江苏泰州“梅兰芳纪念馆”公园，其音乐主题景观分为两类：

一类以象征、展现及表演戏曲艺术为主，如“引凤桥”“京剧知识长廊”“仿

图 4-4　维也纳城市公园音乐景观示意图

古戏台”“滨河水榭”。“引凤桥”下水系寓意京剧中的水袖；“京剧知识长廊”一侧墙体上悬挂着京剧脸谱的画像；“仿古戏台”“滨河水榭”均是戏曲观演场所。

另一类以展现梅兰芳的生平事迹为主，如“梅兰芳雕像”“史料陈列区”“梅兰芳纪念亭”“博士亭”。其中，“梅兰芳雕像”位于入口广场，塑像基座高 67cm，寓意梅先生 67 年的光辉人生。雕像后侧为“史料陈列区”，馆内展示与梅兰芳有关的文物、图片、实物和资料等。馆外庭院中央的水池立有一座汉白玉雕像，为梅兰芳在《太真外传》戏曲中的扮相；“博士亭”纪念梅先生被美国波莫纳大学和南加利福尼亚大学授予“文学博士”学位的史实。此外，园内庭院多植梅花，既暗喻梅兰芳之名，也歌颂其高尚气节。

2. 规划分区

音乐名人园在功能上接近于纪念性园林，总体布局上可以结合音乐艺术规划为 3 个景区：

①名人纪念区，一般指包含纪念雕塑、纪念碑、纪念馆等景观设施和音乐广场的区域。纪念雕塑和纪念碑是作为纪念区的主体景观。纪念雕塑通常展现音乐名人演奏或指挥姿态，以突出音乐家的形象特征。纪念碑多设置在纪念雕像附近，展现相关音乐作品。音乐广场用于举办音乐会等纪念活动。

②艺术活动区，即结合园林植物及建筑特性，围绕与音乐名人相关的音乐故

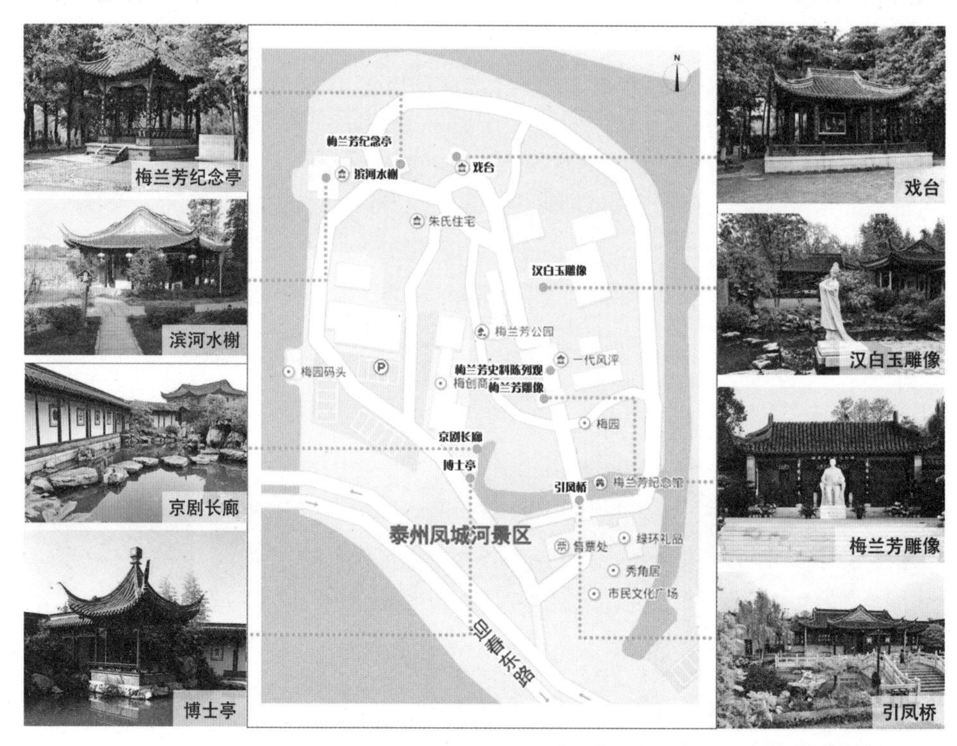

图 4–5　泰州梅兰芳纪念馆公园音乐主题景观分布图

事和音乐作品进行主题景观展示的区域。植物配置上可以通过具有规律的种植形式来增强韵律美感。游客可在该区开展景观游览和休闲活动，调整情绪，怡悦身心。艺术区内可设置一些休息兼娱乐的设施，如音乐亭、音乐台等建筑小品，用于举办小型乐队表演；也可配置音乐喷泉，增添活泼、愉快的欢乐气氛；还可以点缀一些与音乐艺术相关的雕塑作品，如音乐家雕塑、乐器雕塑、音符雕塑等，丰富公园的艺术气质。

③园景游憩区，即公园内运用自然元素营造的美景和游憩区域。在植物配置和地形处理方面要因地制宜、自然布局，可设置一些休息设施与活动场地。

4.1.1.2 音乐艺术园

音乐的美感不仅体现为悦耳动听的旋律美，也表现在音符和乐器的造型美及音乐演奏场景的仪式美。音乐艺术园一般是以表现音乐艺术美感作为主要内容的公园或景区。

在国外，较早建设的音乐艺术园是始建于 1999 年的加拿大多伦多音乐花园（Toronto Music Garden）。造园家运用自然花境营造出音乐意境，采用螺旋形的园路和阶梯式的草地来创造音乐旋律形象，同时布置了花园剧场、草地剧场、小山坡音乐亭等，提供了音乐观演场地。每年在这里举办的音乐活动更是重要的音乐主题景观。

国内较早建设的音乐艺术园是 1990 年建成的台湾新北市音乐公园。公园位于板桥区，布局有露天剧场、音乐喷泉、音乐雕塑等景观设施。其中，音乐剧场观众席为阶梯状草地铺砌大理石台阶，台阶上装饰有黑白钢琴键的图案，象征音乐艺术。

国内城市早期建设的音乐艺术园多以戏曲表演为主题，如北京通州的梨园主题公园（2004 年）、西安的陕西戏曲大观园（2004 年）、广州的粤剧主题公园（2005 年）等。后来，公园内容逐渐扩展到整个音乐艺术领域，展现中西方音乐艺术及文化，如浙江嘉兴凌公塘文化主题公园（2009 年）、哈尔滨音乐公园（2012 年）、重庆石竹山公园（2015 年）、深圳白石龙音乐主题公园（2017 年）等。同期也有一些社区结合音乐文化场地改建为音乐艺术园，如上海浦兴戏曲文化园（2016 年）。

国内外音乐艺术园示例 表 4-2

公园名称	地点	建成时间	音乐形象的景观形式
多伦多音乐花园	加拿大多伦多	1999 年	音乐意境空间、露天剧场、音乐亭
音乐公园	台湾新北板桥	1990 年	露天剧场、音乐喷泉、音乐雕塑
梨园主题公园	北京通州	2004 年	戏曲雕塑、戏楼

续表

公园名称	地点	建成时间	音乐形象的景观形式
陕西戏曲大观园	陕西西安	2004 年	戏曲故事雕塑、戏曲人物雕塑、音乐喷泉
“药洲春晓” 粤剧主题公园	广东广州	2005 年	粤剧主题餐吧、粤剧民间收藏陈列馆、剧院
凌公塘文化主题公园	浙江嘉兴	2009 年	音乐雕塑、观演空间、音乐节
哈尔滨音乐公园	黑龙江哈尔滨	2012 年	乐器雕塑、观演空间、音乐博物馆、 哈尔滨之夏音乐节
石竹山公园	重庆九龙坡	2015 年	乐器雕塑、观演空间
浦兴戏曲文化园 （金桥公园）	上海浦兴	2016 年	戏曲长廊、音乐广场、戏曲沙龙
白石龙音乐主题公园	广东深圳	2017 年	音乐雕塑、观演空间

1. 景观类型

按照设计内容与构景手法的不同，音乐艺术园的景观营造大致可分为两类：

第一类是音乐意境景观，即以音乐作品为设计构思，运用园林造景手法表达音乐意境。如加拿大多伦多音乐花园根据巴赫《无伴奏大提琴组曲》的 6 首乐曲划分为 6 个主题区，每个主题区按乐曲形式和特点进行设计，表达乐曲的意境感受。

1 区《前奏曲》色彩明亮，即兴自由，景区设计成一幅高低起伏的河流景象；2 区《阿勒曼德舞曲》色彩昏暗，缓慢低沉，景区设计成一片树林，有一条小径通向林中；3 区《库朗特舞曲》色彩明艳，活泼强健，景区布置围绕着圆圈排列的岩石与流水，以盘旋形式扩散；4 区《萨拉班德舞曲》速度缓慢，气氛庄重，景区种植草地与风信子花卉，吸引蜜蜂与蝴蝶在花间飞舞；5 区《小步舞曲》速度中庸，风格典雅，景区设计有一座花团锦簇的拱形凉亭；6 区《基格舞曲》活泼欢快，景区设计成一片草皮铺就的阶梯，连通坡下的草地剧场。每个区域均设有告示板，记载曲谱与音乐特点。每年 8 月至 9 月，这里都会举办“安大略湖畔音乐花园夏日系列音乐会”。

第二类是音乐形象景观，即以音符、乐器、演奏人物等音乐形象为构思，采用音乐雕塑、音乐空间、音乐表演等景观形式来表达音乐艺术的视觉美。如哈尔滨音乐公园有音符形象的“五音园”，乐器形象的“龙凤缘”，贝多芬、莫扎特等音乐家形象的人物雕塑，音乐观演空间“月光舞台”、展览空间“音乐长廊”等；重庆石竹山公园入口处设有留声机形象的雕塑，园内主要车行道上装饰了音符图

图 4-6 多伦多音乐花园《小步舞曲》景区音乐亭（修改后）

图 4-7 多伦多音乐花园《基格舞曲》景区草地阶梯

图 4-8 多伦多音乐花园音乐亭前植物景观

图 4-9 多伦多音乐花园《库朗特舞曲》景区音乐会

案；台湾新北市音乐公园草坪上设置有乐器形象的雕塑，园内音乐喷泉 6 月至 10 月期间每天会定时表演，露天音乐台广场也会不定时举办各式音乐表演活动。此外，一些以戏曲为主题的音乐艺术园还设有脸谱、折扇等戏曲雕塑和戏楼等观演建筑，如北京梨园戏曲主题公园、陕西戏曲大观园、武汉园博园等。

2. 规划分区

音乐艺术园的布局分区方法多样，大致有：

①按音乐文化分区。如哈尔滨音乐公园以“音乐长廊”为景观轴线中心，分为中国传统音乐文化展示区（东侧）、西方音乐文化展示区（西侧）、哈尔滨音乐文化展示区（中心）。

②按音乐作品分区。如加拿大多伦多音乐花园根据巴赫的 6 部大提琴组曲(《前奏曲》《阿勒曼德舞曲》《库朗特舞曲》《萨拉班德舞曲》《小步舞曲》《基格舞曲》) 划分成 6 个主题区，每个分区表现对应曲目的特点。各主题区再按景观功能细分为观演区和休闲区。观演区包括库朗特舞曲、小步舞曲、基格舞曲三个主题区，“库朗特舞曲”是螺旋形的花园，花园中心的小广场可进行音乐表演；“小步舞曲”景

图 4-10　武汉园博园（2015 年）中的京剧脸谱雕塑

图 4-11　台湾音乐公园草地上的音乐雕塑

图 4-12　新北市音乐公园露天音乐台广场的钢琴键座椅

区设有一座音乐亭；“基格舞曲”由下沉的草地舞台和阶梯状观众席构成；休闲区包括前奏曲、阿勒曼德舞曲、萨拉班德舞曲三个主题区，主要利用植物造景表达音乐意境，供人漫步赏景休闲。

③按服务对象分区。如哈尔滨太阳岛风景区的“天籁园”是专门为儿童设置的音乐互动区。景区内共设置 9 组可以发声的乐器雕塑，儿童通过观赏、敲击、聆听获得娱乐体验。再如嘉兴凌公塘文化主题公园分为两个功能区，东区为商务休闲区，为游人提供各类休闲娱乐场所；西区为文化教育区，汇集各类艺术家工作室、上海音乐学院国际钢琴培训基地、文化馆等。

④按使用功能分区。如深圳白石龙音乐主题公园分为 6 个区域：主次入口区、休闲登山区、互动休闲区、音乐休闲区、阳光绿地区和外围绿道区。在景区中点缀有音乐主题景观，如飘舞的红色乐章景墙、大提琴造型的琴音广场、以留声机为建筑形态的怀旧留声剧场等。

此外，音乐造诣深厚或艺术修养较高的游客易在通感作用下将听觉艺术与视觉艺术相联系，进而较深入地体会到音乐意境的美感；而过于直白、不经推敲的音乐形象难以满足其审美需求。音乐基础较弱或艺术修养较低的游客，多倾向于接受浅显易懂、美观有趣的音乐主题景观。

4.1.1.3　音乐故事园

音乐故事园是指以音乐故事为主题而规划建造的具有音乐环境和故事场景游赏景点的公园，典型代表是迪士尼乐园（Disneyland Park）。

迪士尼乐园是根据迪士尼音乐动画而创作的融视觉、听觉、触觉等多种感官体验于一体的大型游乐式主题公园。园内随处可见迪士尼

图 4-13　多伦多音乐花园平面图

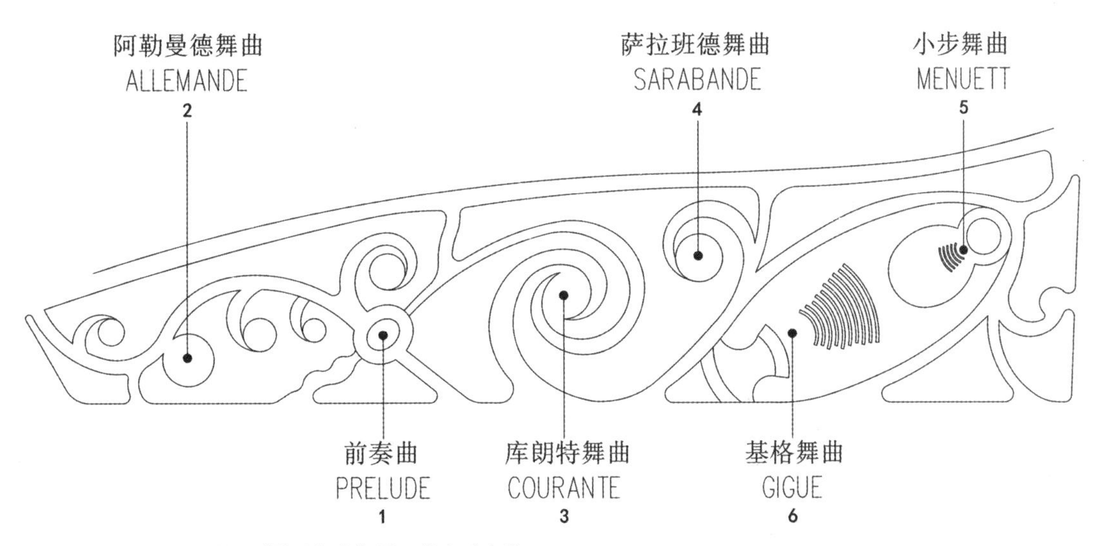

图 4-14　多伦多音乐花园《基格舞曲》景区的音乐表演

人物形象及迪士尼动画场景。至今，世界上共有 6 座大型迪士尼乐园，分别为美国洛杉矶迪士尼乐园（1955 年）、美国奥兰多迪士尼乐园（1971 年）、日本东京迪士尼乐园（1983 年）、法国巴黎迪士尼乐园（1992 年）、中国香港迪士尼乐园（2005 年）和上海迪士尼乐园（2016 年）。迪士尼乐园的特色主题音乐、游戏场特色音效、背景音乐和演出音响都非常出色，生动地体现了迪士尼文化主题特征，营造了不同主题区的游戏气氛，强化了游客的听觉体验，使游客更快地融入到乐园的游憩环境中。

除了迪士尼乐园外，此类园林还有湖北武汉的“古琴台遗址公园”“月湖文化主题公园”，浙江宁波的“梁祝文化公园”，都是以中国古代音乐故事为公园营造的主题。

1. 景观类型

迪士尼乐园是音乐故事园的典型，主要根据迪士尼动画进行创作，把迪士尼动画所运用的音乐、色彩、魔幻、惊险等表现手法与游乐公园的功能相结合。

迪士尼音乐动画通常取材于世界著名的童话故事、幻想小说、希腊神话、西方传说、音乐作品等。如《白雪公主与七个小矮人》《灰姑娘》《小美人鱼》《睡美人》等音乐动画改编于著名的童话故事，如《睡美人》的配乐源于柴可夫斯基同名芭蕾舞剧《睡美人》的旋律;《小熊维尼历险记》《爱丽丝梦游仙境》《泰山》等音乐动画取材于同名幻想小说;《海格力斯》取材于希腊神话,《石中神剑》取材自西方传说;《幻想曲 2000》由八段不同曲目的著名音乐作品与动画师根据音乐想象出的故事合成，其音乐作品有巴赫的《托卡塔和 d 小调赋格曲》、柴可夫斯基的《胡桃夹子组曲》、斯特拉文斯基的《春之曲》、贝多芬的《田园交响曲》、蓬基耶利的《时间舞蹈》、穆索尔斯基的《荒山之夜》、舒伯特的《玛丽亚大街》以及杜卡斯的《魔法师的学徒》。

迪士尼乐园中不少游乐设施是以音乐动画为内容，表现动画场景并播放相应的歌曲。如香港迪士尼乐园幻想世界主题区“童话园林”以迪士尼童话公主为主题,呈现了《魔发奇缘》《美女与野兽》《白雪公主与七个小矮人》《小美人鱼》《灰姑娘》这 5 部迪士尼经典故事场景。园林景区内有缩小版的矮树、城堡、瀑布，只要转动魔法书下的曲轴,即响起熟悉的音乐。再如“白雪公主许愿洞”设置有小瀑布、喷水池以及白雪公主和小矮人的白色大理石像。许愿洞每隔几分钟会响起《白雪公主和七个小矮人》故事的经典歌曲《I'm Wishing》，使整个空间充满了浪漫的气氛。

图 4-15　武汉古琴台遗址公园

园内不仅各种游乐设施均配有美妙的音乐，景区里还安排了不同形式的音乐表演，整个公园充满着音乐的欢乐。如主题街道的露天歌舞、器乐表演及花车巡游、室内剧场表演的迪士尼经典故事音乐剧以及大型音乐烟花表演等。

武汉古琴台遗址公园位于月湖文化主题公园的音乐森林区东侧。古琴台又名俞伯牙台，记载着俞伯牙与钟子期“高山流水觅知音”的感人故事。园内多处景点均围绕该故事进行设计，大致分为场景雕塑、展览空间、意境景观、音乐遗址四类。场景

图 4-16　香港迪士尼乐园“童话园林”

图 4-17　香港迪士尼乐园“白雪公主许愿洞”

雕塑有“伯牙抚琴”“琴台知音”等；展览空间有以知音故事为内容的蜡像馆、华夏音乐馆等。

国内外音乐故事园示例　　表 4-3

公园名称	地点	建设时间	音乐故事
迪士尼乐园	美国加利福尼亚	1955 年	迪士尼动画故事
古琴台公园	湖北武汉	1996 年	“高山流水觅知音”故事
梁祝文化公园	浙江宁波	1995 年	“梁山伯与祝英台”故事
月湖文化主题公园	湖北武汉	2007 年	“高山流水觅知音”故事

意境景观有运用中国古典园林景题艺术设计的“高山流水”水榭长廊、伯牙亭、子期亭、知音树等；音乐遗址有清朝道光皇帝为陶文毅御笔亲书的“印心石屋”，刻有《琴台之铭并序》《伯牙事考》《重修汉阳琴台记》等书法的碑廊以及著名的琴台方碑。

2. 规划分区

音乐故事园的规划分区可归纳为两类：

①根据音乐故事情节分区

如迪士尼乐园以迪士尼经典动画故事为线索，分为多个主题故事区，区域间具有故事逻辑性、连贯性、变化性。通常，每个迪士尼乐园分为 6 至 8 个主题景区，每个景区设置和区域主题相关的体验类游乐设施。如香港迪士尼乐园具有美国小镇大街、明日世界、幻想世界、探险世界、反斗奇兵大本营、灰熊山谷、迷离庄园等七个主题景区，它们在娱乐体验和音乐表现方面各具特点：“美国小镇大街”在功能上作为接待、购物、餐饮等功能的服务配套区域；“幻想世界”以童话

图 4-18　迪士尼乐园音乐剧：迪士尼魔法书房

图 4-19　迪士尼乐园“星梦奇缘”烟花表演（香港迪士尼官网）

故事为主题，汇集了如《米老鼠和唐老鸭》《白雪公主》《小美人鱼》《灰姑娘》《小熊维尼历险记》《睡美人》等一系列迪士尼经典音乐故事场景设施；“明日世界”“探险世界”“反斗奇兵大本营”围绕《星球大战》《丛林之王》《玩具总动员》等科幻、探险类故事进行设计，设有“巴斯光年星际历险”“森林河流之旅”“冲天遥控车”等大型冒险类游乐项目。

香港迪士尼乐园主题景区游乐设施音乐故事示例　　表 4-4

主题区	游乐设施	音乐动画	故事来源
幻想世界	米奇幻想曲（3D 影院）	《米老鼠和唐老鸭》	迪士尼原创动画
	童话园林	《魔发奇缘》《美女与野兽》 《白雪公主与七个小矮人》 《小美人鱼》《灰姑娘》	格林童话
	白雪公主许愿洞	《白雪公主和七个小矮人》	格林童话
	灰姑娘旋转木马	《灰姑娘》	格林童话
	小飞象旋转世界	《小飞象》	小说
	小熊维尼历险之旅	《小熊维尼历险记》	英国小说
幻想世界	疯帽子旋转杯	《爱丽斯梦游仙境》	英国小说
	睡公主城堡	《睡美人》	格林童话
	石中神剑	《石中神剑》	西方传说
探险世界	泰山树屋	《人猿泰山》	美国小说
明日世界	巴斯光年星际历险	《玩具总动员》	迪士尼原版动画
反斗奇兵大本营	冲天遥控车	《玩具总动员》	《玩具总动员》

②音乐故事结合景观资源分区

如武汉月湖文化主题公园以俞伯牙和钟子期“高山流水遇知音”的音乐故事为线索，结合月湖周边资源现状，设计为五大景区：艺术中心区、知音岛区、文化广场区、音乐森林区、莲花湿地区。北岸艺术中心区、东侧知音岛区、南岸文化广场区三个景区通过设计音乐观演空间、音乐雕塑等景观形式来表现音乐艺术和音乐故事；东南侧音乐森林区、西南侧莲花湿地区所在位置自然环境优美，园景布局以原有植被和自然风光为景区特色，点缀少许亭台楼阁。

香港迪士尼乐园的景区音乐表演示例　　表 4-5

场所	音乐主题景观	表演名称	主题区
室外	花车巡游	迪士尼飞天巡游	美国小镇大街
		“迪士尼光影汇”夜间巡游	
		迪士尼明星嘉年华列车	
	器乐表演	迪士尼乐园乐队街头表演	
	音乐烟花	“星梦奇缘”烟花表演	
	大合唱	小小世界	幻想世界
室内剧场	歌舞剧	《狮子王庆典》	探险世界
	音乐剧	《迪士尼魔法书房》	幻想世界

4.1.1.4　音乐产业园

音乐产业园在城市规划上属于“创意文化产业园”，是一系列与音乐有关的产业规模集聚的特定地区，具有鲜明的音乐形象并对外界产生一定吸引力，集音乐产品研发、生产、交易、创作、演出、展览、教育、旅游、服务等多种业态为一体的多功能园区。音乐产业园的主要任务是为音乐生产者、商业服务者提供创作生产及商业运作的场所，同时为游客提供观赏音乐和休闲旅游的场所。目前我国规模最大的音乐产业园是位于北京的“中国乐谷”，具有乐器设计与制作、乐器产品交易与物流、音乐文化创作与推广、音乐文化交流与培训、音乐文化展示与体验、音乐文化衍生品开发、音乐信息化中心等业态。

音乐产业园按照构成要素可以分为两类：一是以工业建筑为主的园区，如成都东区音乐公园、北京音乐创意产业园、国家音乐创意产业基地（深圳园区）；二是以园林化自然环境为主的园区，如北京探戈坞音乐谷、北京乐谷的草地音乐公园、苏州太湖迷笛音乐公园，结合自然风景搭建露天剧场，定期举办音乐会或音乐节。

图 4-20　伯牙抚琴（武汉古琴台遗址公园）

图 4-21　琴台方碑（武汉古琴台遗址公园）

1. 景观类型

音乐产业园的景观类型丰富多样，一般有草坪、广场等大型观演区，举行各种形式的音乐节。有的是利用遗存的工业建筑，将建筑空间设计为音乐展示馆、视听馆、书吧等体验式空间，结合室内的多媒体设备及相关实物开展音乐展示与体验活动。还有一些音乐人才集中居住的区域，经过规划改建为音乐产品制作基地或艺术家居住地，游客可有条件地进入参观。在音乐产业园各种空间及场所内，均点缀有各类音乐雕塑。下面就以北京探戈坞音乐谷、中国乐谷、成都东区音乐公园为例作些说明。

北京探戈坞音乐谷位于市郊延庆县八达岭镇石佛寺村和大榆树镇小张家口村之间的山谷里，坐拥 $15km^2$ 原始次生林。该地的音乐主题景观是在长城森林大剧场举办“北京长城森林艺术节”。这是一个以古典音乐为主，同时融合多种音乐及艺术表演形式的音乐庆典活动，自 2010 年起，每年 8 月在这里举办。

国内音乐产业园示例　　表 4-6

公园名称	地点	建设时间	音乐主题景观
探戈坞音乐谷	北京延庆	2010 年	森林剧场及北京长城森林艺术节
中国乐谷	北京平谷	2010 年	乐谷展示中心、草地音乐公园、露天剧场、乐谷艺术中心、音乐创意基地、民俗博物馆· 提琴村、音乐剧场与会所
成都东区音乐公园	四川成都	2011 年	演艺中心、成都舞台、音乐雕塑、音乐书吧、音乐酒吧、视听室、少林禅宗音乐体验馆
太湖迷笛音乐公园	江苏苏州	2014 年	乡村音乐会、太湖迷笛民谣与世界音乐节

图 4-22 香港迪士尼乐园主题景区布局图

北京平谷乐谷草地音乐公园的景观类型较为多样，对游客开放的音乐主题景观主要有两类：

①音乐观演场所及音乐演出，如中国乐谷露天剧场、乐谷大门及前广场、西乐宫、森林歌剧院、中国乐谷艺术中心等，主要用于举办各类音乐演出。

②音乐展馆，如乐谷展示中心、中国唱片博物馆、中国乐谷小提琴体验博物馆、乐器博物馆等。其中，乐谷艺术中心设有环幕影院、多功能会议室、博物展览大厅、乐器文化之旅展览、乐器体验区和视听体验室等音乐主题设施。

北京探戈坞音乐谷历届音乐节一览表　　表 4-7

时间	音乐节名称	表演风格
2010 年 8 月 27 日至 29 日	长城探戈坞森林音乐节	不限
2011 年 8 月 6 日至 7 日	北京森林音乐节	古典音乐
2012 年 8 月 25 日（两个周末）	北京长城之声森林音乐节	古典音乐
2013 年 8 月 24 至 25 日	北京长城森林艺术节	不限
2014 年 8 月 23 日至 24 日、30 日至 31 日	北京长城森林艺术节	古典、流行

图 4-23　武汉月湖文化主题公园主题分区图

图 4-24　北京探戈坞音乐谷“长城森林艺术节”

北京平谷乐谷草地音乐公园音乐节庆活动排期表　　表 4-8

月份	音乐节主题	文化内容
一月、二月	中国乐谷欢乐节	平谷本土音乐文化
三月、四月	桃花音乐节	传统民族音乐文化
五月、六月	国际流行音乐季	国际流行音乐文化
七月到十月	知名品牌音乐节	

成都东区音乐公园的主题景观可分为四类：

①观演空间及音乐活动。音乐观演空间有 3 种类型：一是专门用来举办音乐会的场所，如演艺中心、成都舞台、国家小剧场文化基地、先锋小剧场等；二是定期举办音乐表演的主题餐厅，如音乐酒吧、音乐咖啡馆、音乐餐厅等；三是由文艺青年自发组织音乐表演和音乐讲座的艺术交流场所，如音乐书吧、音乐沙龙、音乐俱乐部、胡晓会客厅、古琴会馆等。音乐主题活动也可分成三种类型，一是音乐表演类，如音乐节、音乐会；二是音乐培训类，包括音乐颁奖、音乐选秀；三是音乐学习类，如音乐沙龙、音乐讲座、音乐展览；其他的还如明星签售会、音乐发布会、歌友会等。

②音乐视听体验空间，如个人电影厂、KTV、视听室、少林禅宗音乐体验馆、香薰音乐馆等。

③音乐主题零售店，如唱片店、乐器店、音乐创意品店、明星衍生品店等。

④音乐雕塑，如游览街道两侧设置的《古道》（齿轮与琵琶）、《经典音响》（杰克逊舞步）、《敲打历史的回忆》（说唱俑）等音乐主题雕塑作品。

2. 规划分区

北京平谷乐谷草地音乐公园分为“YUE”谷（产业集聚区）和“LE”谷（文化休闲区）两个功能区：

①产业集聚区建设有不同类型的音乐产业，包括音乐博览中心、乐器生产中心、歌曲创作中心、培训教育中心、会展交流中心、传媒传播中心等六类。

②文化休闲区以音乐主题旅游为特色，结合景区建设，强调游客的参与性、体验性，包括剧场演出、体验观光、休闲养生三大功能板块。剧场演出板块由乐谷大门及前广场、露天音乐广场、西乐宫、森林歌剧院等组成；体验观光板块由音乐风情大道、游戏谷、童话谷、主题乐村、声乐体验区等组成；休闲养生板块由音乐主题酒店、汽车营地、音乐养生中心等组成。

成都东区音乐公园主要分为两大功能区：

①音乐生产制作区：该区聚集了一批以音乐创作、制作为主要工作内容的企业，

如唱片公司、电影集团、传媒公司、数字音乐公司等；还有用于音乐教学和演艺训练的人才培养企业，如音乐培训基地、音乐学校等。该区域工作时间一般不让游客随意参观。

②音乐旅游消费区：涵盖演艺展览、主题零售、酒吧娱乐、文化餐饮等业态，以游览主路及消费场所构成主体，如音乐体验馆、音乐酒吧、音乐书吧、音乐零售店、音乐酒店等。园区内沿街道布置音乐雕塑，营造音乐气氛；定期举行露天广场音乐会。游客主要游览区域的音乐空间有四类：音乐观演空间（成都舞台和演艺中心）、音乐零售空间（明星街和天籁街）、音乐酒吧（酒吧工厂）和音乐酒店。

综上所述，可以将音乐产业园的功能区分成五类：

①人才培养区，包含音乐培训基地、音乐学校等，用于音乐教学和演艺训练。

②企业办公区，聚集以音乐创作、制作、销售、传播等为主要内容的企业。

③商业消费区，由商业街道及消费场所构成，结合音乐布置游赏景观，营造音乐气氛。

④音乐观演区，是专门用来进行音乐表演的区域。其中，以自然环境为主的园区一般选择开阔草地作为音乐观演区，如北京探戈坞音乐谷的探戈坞演出基地、中国乐谷草地音乐公园的露天音乐剧场；以工业建筑改造利用的园区则多利用建筑围合的开敞空间布置音乐观演区，如成都东区音乐公园的“成都舞台”。

⑤景观游览区，是主要供游客活动的区域。例如，用旧厂区改造的音乐产业园区一般会以宽敞的园道贯穿整个园区，它不仅作为园区的游览主线，也成为休

图 4-25　北京平谷乐谷草地音乐公园 2015 年“乐谷 · 理想音乐节”

息、观景的主要区域，可设置音乐广场、音乐雕塑、音乐喷泉、展览馆、休息廊等。音乐广场的设计通常需要考虑到节假日及园区举办音乐节庆时候的客流量，按照最大承载人数来确定面积。以自然环境为主的园区宜根据景区地形布局自然式园路，因地制宜地布置音乐剧场、展览厅、音乐乐园、音乐主题酒店等景观节点。音乐剧场通常布置在周围植被茂盛的谷地，并有广阔的草坪以容纳较多的游客。

4.1.2 音乐艺术景区

音乐艺术景区是音乐艺术与风景名胜相结合的产物，以风景名胜独特优美的自然环境为舞台背景，通过音乐舞蹈等形式演绎当地流传的音乐故事，兼具观演、游览、休憩等功能。

中国当代典型的音乐艺术景区如广西桂林阳朔“印象·刘三姐”山水音画景区。它选取 2 公里长的漓江水域作天然舞台，以 12 座石灰岩山峰和天空为背景，综合运用现代舞美灯光、环绕立体声音响等技术，淋漓尽致地演绎了漓江山水诗意、广西歌圩风情及刘三姐山歌文化。

音乐艺术景区不仅突出了音乐元素在风景园林景观营造中的重要作用，使之审美形象和艺术效果大幅提升，也使音乐化的风景园林空间活动转化为视听交融的艺术形象，形成感人至深的审美意境。

下面结合实例对音乐艺术景区的营造要素进行分析。

4.1.2.1 景观类型

音乐艺术景区的景观是由风景名胜的空间环境与音乐演出一同构成的景观空间，包括观众所处空间内视线所及的名胜古迹、山水花木、古建栈道等，还包括音乐演出时的灯光、音乐、舞蹈场面所烘托的具有空间艺术美感的音乐形象。自然风景在灯光的渲染下不仅层次感更加突出，还能呈现出丰富变幻的色彩。景区

图 4-26 成都东区音乐公园里的音乐雕塑

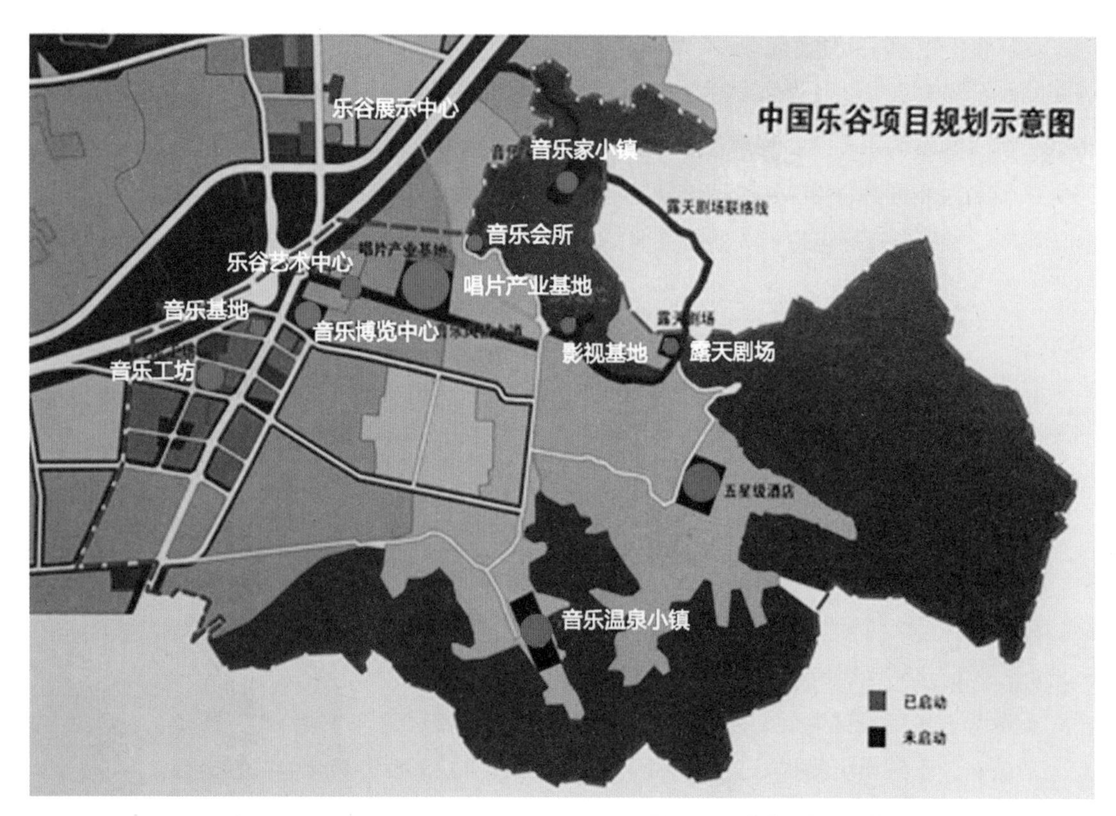

图 4-27　北京平谷乐谷草地音乐公园规划平面图

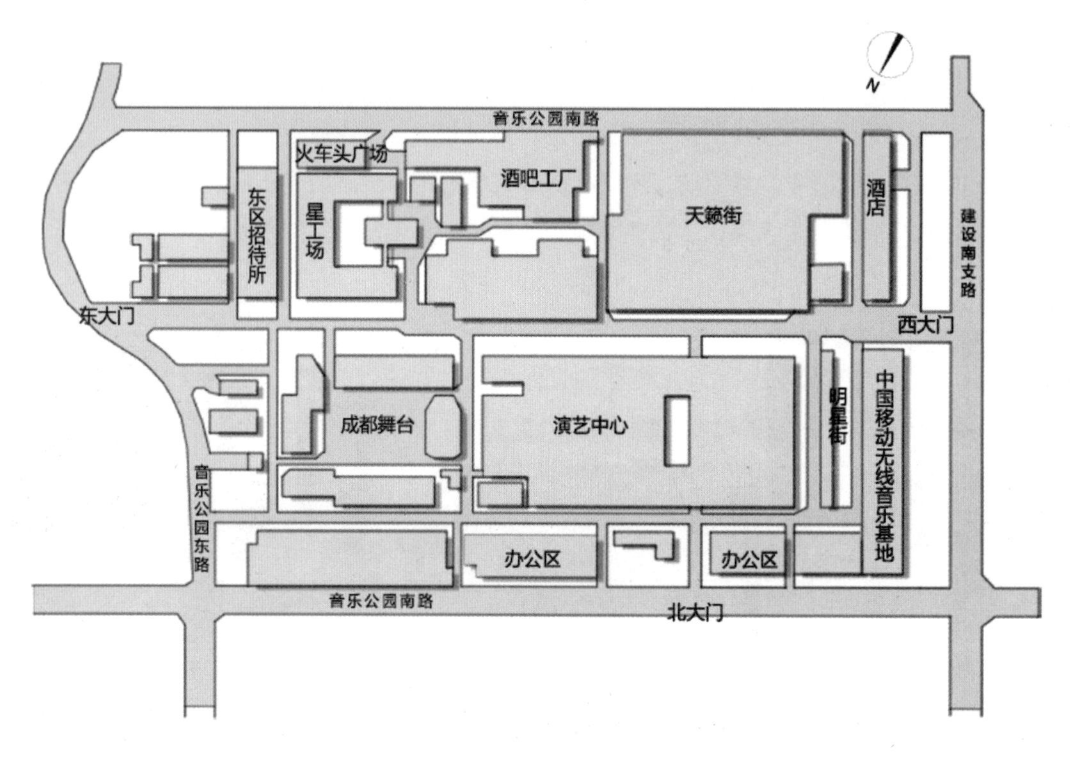

图 4-28　成都东区音乐公园规划平面图

中的空间场景在音乐的歌唱与演奏中被赋予拟人化的情感，或喜悦，或忧伤，或轻快，或稳实；再通过精美的舞蹈画面讲述当地的人文历史、故事传说、民俗风情等，从而形成很强的艺术感染力，令人难忘。

音乐艺术景区根据音乐主题、景区特征、演出时间等因素，可分为不同的景观类型：

①按照文化主题划分，有民间传说、历史故事、宗教文化、民俗风情等类别。民间传说类的典型有《印象·刘三姐》（刘三姐唱山歌的故事）、《印象·西湖》（杭州西湖的神话传说）、《天门狐仙·新刘海砍樵》（白狐仙与樵夫刘海的爱情传说）等；历史故事类的有《天骄·成吉思汗》《鼎盛王朝·康熙大典》《文成公主》等；宗教文化类的有《禅宗少林·音乐大典》《印象·普陀》《菩提东行》等，多采用佛乐禅音作为伴奏；民俗风情类的有如《印象·丽江》，由当地少数民族的村民表演独具特色的马鞍舞、玉龙第三国的传说、祭天和祈福仪式等，突出当地风景名胜的文化特色。

②按照风景名胜地域特征，可分为园林类、山岳类、圣地类、河湖类、特殊地貌类、战争遗迹类、海滨海岛类等。如园林类的有《大宋·东京梦华》（开封清明上河园）、《牡丹亭》（上海课植园）等，利用园林中的亭台楼阁作为音乐剧的场景空间，具有很强的象征性。

例如，上海朱家角镇课植园原有的打唱台、唱戏楼、观戏厅等园林建筑均成为实景演出场所，园林主景“倒狮亭”也成为重要的舞台元素。观众座席就位于与“倒狮亭”相隔一池荷花的“水月榭”。整个演出环境处于湖光山色之中，亭台掩映，廊桥曲折，红花绿树，极为动人。同类场景，还有苏州网师园的夜场昆曲演出等。

山岳类的有《印象·大红袍》（武夷山）、《印象·丽江》（玉龙雪山）、《鼎盛王朝·康熙大典》（元宝山）等，利用巍峨险峻、宏伟壮丽的山岳特色营造景观空间，舞台常选址在峡谷处，空间景深和回声效果俱佳。

圣地类的有《禅宗少林·音乐大典》（嵩山）、《印象·普陀》（朱家尖观音文化苑）、《菩提东行》（大兴隆寺景区兴隆文化园）等，剧场巧借宗教圣地的寺庙、松柏、古塔、佛像等景观造景。

河湖类的有《印象·刘三姐》（桂林漓江）、《印象·西湖》（杭州西湖），利用河流湖泊的景观优势，将舞台搭建在水面，通过灯光照射，使表演场景在水面上映出梦幻倒影，美轮美奂。

③按照游览时间来进行划分，可分为日景与夜景。风景名胜地一般都是在日间开放，游客或登山观景，或泛舟漂流，在寄情山水的活动中休闲娱乐。音乐艺术景区由于纳入了音乐表演和灯光造型，大大丰富了传统的旅游方式与审美情趣，展示出游赏地美丽的夜景。大部分音乐艺术景区均为夜景，运用灯光为建筑、山水、

花木增色，实现比日景更加绚烂的色彩观感并营造空间气氛，将游客的目光聚焦到场景主要人物上。日景多借助阳光，再现建筑、山水、人物、服饰等原始色彩形成景观。例如，在云南丽江玉龙雪山景区可观赏气势磅礴、玲珑秀丽的玉龙雪山，随着时令和阴晴的变化，有时云蒸霞蔚、玉龙时隐时现；有时碧空如水，群峰晶莹耀眼；有时云带束腰，云中雪峰皎洁；有时霞光辉映，雪峰如披红纱，娇艳无比。《印象·丽江》实景演出以玉龙雪山的自然风光为天然背景，用象征着云贵高原红土的红色砂石砌成了12m高、迂回艰险的“茶马古道”，用身着纳西民族传统服饰的当地村民载歌载舞演绎民风民俗，景象壮观。

中国当代音乐艺术景区示例　　表4-9

演出名称	首演时间	音乐艺术景区
《印象·刘三姐》	2003年	广西·桂林·漓江景区·漓江山水剧场（原刘三姐歌圩）
《禅宗少林·音乐大典》	2005年	河南·郑州登封·待仙沟景区·嵩山峡谷
《印象·丽江》	2006年	云南·丽江·玉龙雪山景区·甘海子蓝月谷剧场
《印象·西湖》	2007年	浙江·杭州·西湖景区·岳湖景区
《大宋·东京梦华》	2007年	河南·开封·清明上河园
《井冈山》	2008年	江西·井冈山景区·红军剧场
《印象·海南岛》	2009年	海南·海口·西海岸旅游度假区
《天门狐仙·新刘海砍樵》	2009年	湖南·天门山景区峡谷
《印象·普陀》	2010年	浙江·舟山·朱家尖景区·观音文化苑·印象普陀剧场
《印象·大红袍》	2010年	福建·南平·武夷山国家旅游度假区
《天骄·成吉思汗》	2010年	内蒙·呼伦贝尔·白音哈达草原景区
《牡丹亭》	2010年	上海·朱家角镇·课植园
《印象·武隆》	2011年	重庆·武隆·仙女山桃园大峡谷
《鼎盛王朝·康熙大典》	2011年	河北·承德·元宝山景区
《道解·都江堰》	2012年	四川·成都·都江堰景区·苏联大坝遗址
《菩提东行》	2012年	山东·兖州·大兴隆寺景区·兴隆文化园·菩提剧场
《文成公主》	2013年	西藏·拉萨
《龙船调》	2015年	湖北·恩施·大峡谷景区
《最忆是杭州》	2016年	浙江·杭州·西湖景区

4.1.2.2 规划分区

风景名胜地的音乐艺术景区规划时宜按功能要求适当分区，包括表演区、看台区、游览区等。表演区一般容纳了较好的景观资源，在景区中占用空间面积较大，如《印象·西湖》湖面舞台的面积约为 4900m^2，《禅宗少林·音乐大典》峡谷舞台占地面积为 5300m^2。表演区可根据场景的设定分为多个小表演区。如《印象·大红袍》剧场的表演区域由环绕在旋转观众席周围的仿古民居表演区、高地表演区、沙洲地表演区与河道表演区等共同组成，各具特色。

看台区通常由人工搭建，河湖类音乐艺术景区常滨水搭建看台，如《印象·西湖》剧场在岳湖楼南边设置可容纳 1800 人的升降式可收缩移动阶梯式看台。看台座椅漆成红绿白三色，与古色古香的岳湖楼相配显得很有特色。园林类音乐艺术景区可直接利用园林建筑（如水榭、游廊等）作为看台，如园林实景昆曲《牡丹亭》观众座席就是与“倒狮亭”一池相隔的“水月榭”。

游览区是除表演区和看台区之外的空间，是音乐艺术景区中观众游赏风景的主要区域，可作为与其他景区过渡的空间。一般来讲，游览区以自然风光为主，通过设置游览道路、休息亭廊等为游客提供观景、游憩的场所。

图 4-29 苏州网师园夜场昆曲演出场景

图 4-30　苏州网师园殿春簃小院内的昆曲表演

图 4-31　“印象·刘三姐”的漓江山水音画场景

4.2 音乐主题景观营造特点

4.2.1 乐韵情思 相地构园

图 4-32 苏州网师园赏乐夜游场景

音乐意境的创造往往要通过园林要素的景观组合布局来体现，它实际上就是造景要素的选址布局。艺术家想要创造音乐意境空间，就要结合音乐意境来作造园构景的选址布局。这里所说的音乐，既有园林中自然的乐韵声响，如风雨声、流水声、鸟鸣声等，也含人工音乐声响，如钟声、鼓声、梵音、樵唱、乐声等。风景园林中的音乐审美空间，就是将自然声响或人工音乐，与山水、植被、建筑、雕饰等园林要素相结合，一同创造的视听游赏空间。

运用不同的园林要素和选址布局形式，可以形成不同的风景园林音乐空间审美意境。如表现江南文人园林婉约优雅的意境，可借助在亭台楼阁附近栽植荷花、芭蕉等植物，使之在雨水作用下发出清新动人的淅沥声。如苏州拙政园中的“听雨轩”“留听阁”,就演绎出“雨打芭蕉”以及“留得残荷听雨声”的美妙空间意境。再如，表现气势宏大，肃穆凛然的空间意境，往往需要大尺度的自然山水环境，配合大量植被的天然声响，如竹子、松柏、梧桐等植物在风中发出哗哗作响的背景声。拙政园的“听松风处”与承德避暑山庄的“万壑松风”景点，就是利用声景营造出“云卷千峰色，泉和万籁吟”的优美意境。还有表现中国古代文人追求恬静、淡远的境界，亦可通过模拟自然的山涧流水，使得水流在山石间婉转迂回，奏出自然的旋律。无锡寄畅园“八音涧”和北京颐和园“玉琴峡”的声景便为佳例。风景园林环境中音乐声景的存在，丰富了园林的空间体验，使其审美意境更加深远。

4.2.2 借景山水 天籁交响

中国传统园林的创作宗旨是“虽由人作，宛自天开”，通过对自然山水景观的浓缩和提炼，表现出真山真水的气势。如同中国传统的山水画，以典型性的局部或一角形象带给人无尽的遐想。山水天籁不仅有可观赏的自然景观，更有能唤起

图 4-33　苏州网师园万卷堂里的悠扬琴音

游人审美联想的声景意象。

中国传统戏剧中有大量对于园林景色的描绘和剧中人物在花前月下活动的故事情节，如实景园林昆曲“牡丹亭”，就是通过音乐形象为中国传统园林扩展意境的典型。艺术家挑选出经典音乐作品中与园林环境紧密相关的情节片段进行重新编排，将复杂的故事情节精简为更易理解和表现的内容进行演绎，使亭台楼阁、山水花木不仅仅作为游赏的风景，而是构成戏曲故事的诗画背景。音乐形象演化为园林艺术创造的内在主观意象，生发出园外意、景外象、象外情。再如 1999 年昆明世界园艺博览会上赢得“室外造园最佳展出奖”的广东粤晖园，巧妙地融入了岭南特色传统音乐元素，结合古琴演奏的音乐形象拓展了造园意境。

相对于传统园林来说，风景名胜区开发更有条件挖掘山水文化，编写音乐故事，采用视觉、

图 4-34　云南玉龙雪山景区“印象丽江”场景

听觉一体化的方式来呈现主题形象。如桂林阳朔的实景山水音画“印象·刘三姐”，以秀美的漓江山水结合当地刘三姐的传说故事和经典山歌，生动地表现了漓江山水之间的田园劳作生活，呈现出农耕结合自然的人文之美，内蕴了历史、民族和传统的丰厚文化意义。还有在嵩山峡谷中演出的“禅宗少林·音乐大典”，背景山体呈竖状排列，近、中、远景层次分明，峡谷内有溪水、树林、石桥等自然景观，处处入画。水乐、木乐、风乐、光乐、石乐5个乐章在有限的时空里呈现出春夏秋冬的景观变化，讲述了僧侣们生活习武的生活故事。舒缓的禅乐与大自然的各种声景浑然交响，为嵩山峡谷带来了天籁般的禅韵。这些构建在风景园林中的音乐形象，是历史长河中真实社会生活的艺术呈现，令人在时空流转的视听感受中体会美的形象、美的生活、美的意境。

4.3 音乐主题景观规划原则

4.3.1 园林规划分区融入音乐主题

园林规划布局有功能分区和主题分区两种方式。功能分区是按照不同用地与设施的使用功能结合地域环境进行分区布局；主题分区是根据公园景观营造主题中的故事、情感、艺术形象等进行景区划分，通常将每个主题单列为一个景区，景区之下再设景点。音乐主题公园和艺术景区的规划分区力求二者结合，既满足功能性，又有主题特色。如迪士尼乐园按照功能分区可以划分为服务配套区、游乐体验区等；按照主题分区可以划分为美国小镇大街、明日世界、幻想世界、探险世界等不同特色的景区。

4.3.2 园林造景设计体现音乐符号

（1）运用雕塑小品再现音乐形象。在音乐公园、景区的一些标志性景点采用音乐形象雕塑，如哈尔滨音乐公园的入口雕塑造型是一本刻有乐谱的书籍，从书籍中又飞出红色的旋律；哈尔滨太阳岛“音乐园”设有一架钢琴雕塑；重庆石竹山公园入口处设置留声机形象的音乐雕塑；厦门鼓浪屿景区的音乐小品——草坪乐谱围栏；维也纳城市公园矗立着施特劳斯等音乐家的雕塑。

（2）配置植物景观蕴含音乐意境。园林以植物景观为主要造型素材，大面积植物形成多样的空间色彩。这些色彩带有情绪特质，如粉色樱花唯美、浪漫，紫色鸢尾忧郁、深沉，红色玫瑰热情、奔放等。设计师可将植被色彩与艺术联想相结合，为游客创造一个诗情画意的音乐空间，如在加拿大多伦多音乐花园里深绿茂密的树林象征低沉、昏暗的音乐旋律，明艳芳香的花丛象征欢快、明亮的音乐旋律。

（3）巧构建筑空间赋予音乐功能，音乐公园和景区的建筑空间与一般园林的建筑空间有所不同，除了点景、观景外，还有观演、聆听、展览等功能，是音乐艺术的展示舞台，需要精心创作，如音乐亭、音乐台、露天剧场等。

（4）优化平面设计表达音乐艺术。音乐公园和景区的游路布局形式可融入乐器等音乐形象加以组合变化，如沿湖区布设的游步道可采用流畅的曲线，多条游步道组合成小提琴“琴头”的螺旋线样式；大尺度景观的平面形式也可采用乐器或乐谱符号等。

4.3.3 游览活动内容培养音乐体验

在游览活动内容设置上，音乐公园和主题景区应为游客创造随处可听、可赏的音乐声景，其音乐审美的方式包括动态聆听和静态聆听：

（1）动态聆听，是指游客一边游览园景一边聆听音乐的方式，要求公园、景区配置完备的背景音乐音响系统，包括设置隐藏式小音箱、提供移动式耳机等，或者通过不同的代步工具（如自行车、电瓶车、小火车、游船等）播放背景音乐，引导游客沿特定线路赏景，实现音乐与园景意境相匹配的游览体验。

图 4-35 昆明世界园艺博览会（1999 年）粤晖园中的古琴演奏

（2）静态聆听，是指游客在指定景点进行互动探索、场景欣赏、现场演奏和定点观赏等音乐体验。互动探索可为游客创造主动聆听的声景场所，帮助游客捕捉感受自然界的各种声音（风声、雨声、流水声、鸟鸣声等），如哈尔滨“天籁园”中各种聆听扩音装置。场景欣赏、现场演奏是在音乐表演场所观赏音乐，如音乐亭台、露天剧场内的乐队表演、歌手演唱以及音乐广场内音乐爱好者的即兴表演等。定点观赏是在游览路线上设置固定的聆听站点供游客欣赏音乐。

4.4 音乐主题景观设计要点

音乐公园和景区不同于一般的专类公园，在园景内容布局和声景形式创作上均有特点，因此，必须从音乐公园和景区的艺术特性出发，综合考虑使用功能和景观效果，创造出既有音乐艺术特色，又有观赏游览价值的园林景观。

音乐公园和景区的规划与建设，首先应对园区选址场地内的资源特色加以分析，明确公园、景区的营造定位与设计目标，再根据不同设计目标要求的主题内容进行针对性规划布局和主景设计，力求合理，创造符合公园和景区定位的景观形象与空间环境。也可以先推敲公园设计目标和主题内容，再进行园区选址。如音乐名人园通常应选择在音乐名人家乡和音乐名人曾经活动过的地方；音乐艺术园应选择在音乐文化悠久、音乐艺术气氛浓厚的地方；音乐故事园应选择在含有音乐故事、传说等非物质文化遗产的地方；音乐产业园应选择在音乐人才资源丰富、周边音乐消费需求程度较高的地方。然后，根据音乐公园和景区的主题内容及场地特点进行景观设计。此外，要规划建设完善的园林基础设施和配套服务建筑，创造良好的特色文化发展环境。设计要重视音乐体验与园景欣赏的联系，规划恰当的活动内容和游赏方式，进一步拓展音乐意境和音乐旅游产品，促进公园和景区建设可持续发展。

音乐主题公园设计目标与主题内容 表 4-10

公园类型	设计目标	主题内容
音乐名人园	纪念音乐名人	音乐家生平、作品
音乐艺术园	展现音乐艺术美感	音乐作品意境、音乐艺术形象
音乐故事园	讲述音乐故事	音乐故事内容（场景）、思想情感
音乐产业园	音乐产业运作及旅游	音乐创作、表演、旅游

4.4.1 设计目标与主题内容

不同类型的音乐公园和景区，其设计目标不同，主题内容也不相同。因此，首先要确定规划设计的音乐公园和景区的设计目标，进而构思主题内容。例如，专门为纪念音乐名人而建的音乐公园，需要考虑音乐名人的生平经历及主要作品；如果是为讲述一个或者多个音乐故事的公园，那么需要考虑的是音乐故事场景和主人公思想情感的形象表达。

4.4.2 园区选址与环境因素

对于音乐公园和景区的选址，应综合考虑地理环境、音乐历史渊源、文化遗产、地方特有音乐活动、音乐文化群体分布背景、地方音乐产业、旅游休闲活动概况等因素，选择最为理想的园区用地。大致应着重考虑三种环境因素：音乐文化资源、音乐人才资源、游憩生活需求。

图 4-36 鼓浪屿景区草坪的音乐小品

4.4.2.1 音乐文化资源

音乐文化资源包括音乐文化环境和音乐文化内涵。

1. 选址在含有音乐类文化遗址（名人故居、文化古建等）区域，园区规划应对音乐文化遗址予以妥善保护，改善遗址周围生态环境，并结合其文化特点营造有一定文化特色的音乐氛围。如湖北武汉“月湖文化主题公园”选址在汉阳区月湖畔，选址内含有“古琴台遗址”，整个公园就以古琴台流传下来的“高山流水觅知音”历史故事为景观主线进行规划设计。

2. 选址在含有音乐类非物质文化遗产（戏曲、民歌、传说、故事等）区域，园区规划应充分挖掘、整理当地可利用的音乐文化资源，如浙江宁波市鄞州区高桥镇是《梁祝》爱情传说的故事发源地,该地的“梁祝文化园”以“草桥结拜”“三载同窗”“十八相送”“楼台相会”“化蝶永伴”的故事情节为线索，规划设计了一系列景点。

3. 选址在音乐历史悠久的区域，园区规划应结合当地音乐名人、音乐故事、音乐成就等内容进行构思，表现其音乐文化内涵，如维也纳城市公园、哈尔滨音乐公园等。

4. 选址在具有浓厚音乐活动氛围的区域，园区规划应结合音乐活动安排，为音乐爱好者提供音乐欣赏、交流、娱乐的环境，如“浦兴戏曲文化园”（金桥公园）位于上海浦兴街道，街道社区成立有“浦兴社区淮剧团”，戏曲文化氛围浓厚，促进了公园的建设发展。

4.4.2.2 音乐人才资源

音乐公园和景区常有音乐表演类节目，大致分为两类：一类是临时演出，如园林音乐节；另一类是长期演出，如迪士尼乐园的音乐表演。长期演出需要组织固定的表演队伍，并要不断更新音乐作品的创作人才。音乐产业园不仅含有音乐表演产业，还包括音乐生产、制作、教学等内容，因而要有多方面的音乐人才。因此，它在规划选址时应优先考虑邻近音乐院校、音乐产业密集地区，用区域内的音乐人才资源为园区发展提供支撑。如“中国乐谷”产业园位于北京市平谷区，其东高村以提琴制造为主导产业，年产量达 30 万把，占全球生产份额近 1/3，被誉为“中国提琴产业基地”。“中国乐谷”以东高村提琴产业为基础，开发建设为“乐器设计与制作、乐器产品交易与物流、音乐文化创作与推广、音乐文化交流与培训、音乐文化展示与体验、音乐文化衍生品开发、音乐信息化中心”等多重功能定位于一体的产业园区。

图 4-37　宁波鄞州梁祝文化园

4.4.2.3　游憩生活需求

音乐公园和景区一般宜选址在音乐消费需求量较大的地区。选址前期需要做好对周边客源市场的实地考察和分析，根据当地音乐消费水平与内容等对建设条件作出判断；在确保游赏价值的基础上，适当开发音乐旅游产品，带动多种音乐消费行业发展。一般来讲，经济发达、流动人口多的大城市或者特大城市，音乐消费水平高且客源量大，是建设音乐产业园的首选。具体位置依靠产业基址和占地范围来确定；如果占地较大，可以考虑地价相对便宜且限制性小的城市边缘区。

4.4.3　景观形象与空间环境

4.4.3.1　规划分区

音乐公园需满足一般公园的功能要求并突出音乐主题特色，其规划分区应考虑两方面内容：

1. 根据公园性质分为不同的功能区。在城市中不同位置、面积和属性的公园(如滨水带状公园、森林公园、游乐公园等)，对音乐景区的功能要求各有不同。

2. 根据公园主题内容划分为若干景区。不同类型的音乐公园主题分区方法不同，如音乐名人园可以根据音乐家人生重要阶段划分主题区；音乐艺术园可以根据音乐作品类型划分主题区；音乐故事园可以根据故事情节划分主题区。合理的规划分区应建立在二者共同考虑的基础上，既满足功能性，又具有主题特色。

4.4.3.2　景观形象

景观形象是通过景观形式所表达的园区主题形象。要将音乐形象以物化的方式表达出来，同时让游览者深入体会设计意图，就要将主题的内涵与外延充分挖掘，运用联想、比兴等创作手法加以表达。下面以音乐名人园、音乐艺术园和音乐故事园为例，说明景观形象的创作方法。

音乐公园主题分区常用方法　　表 4-11

公园类型	主题分区方法
音乐名人园	①音乐家人生阶段；②音乐代表作品；③音乐家情感经历等
音乐艺术园	①音乐作品意境；②音乐文化历史；③音乐表现方式等
音乐故事园	音乐故事情节等
音乐产业园	①音乐体验方式；②音乐产业类型等

1. 音乐名人园的景观形象

音乐名人园通常根据音乐名人的生平事迹、艺术成就、人格境界、作品特点等方面进行创作，其景观形象主要包含两类：音乐名人形象与音乐艺术形象。

音乐名人形象既可以通过人物雕塑、名人纪念馆等来直观体现，也可以利用山水花木来象征其艺术追求和人格境界。在中国文人诗画中，梅、兰、竹、菊四种植物常被作为感物喻志的象征，梅花象征高洁志士；兰花象征世上贤达；竹子象征谦谦君子；菊花象征世外隐士，它们同样也可被应用在音乐名人园中。如泰州梅兰芳纪念公园遍植梅花，既寓意梅兰芳之名，也象征其高洁的品格。

园内音乐艺术形象通常结合名人的音乐作品进行设计，可以通过具有象征意义的园林建筑、山水花木、雕塑小品，以及讲述音乐艺术的展览空间、提供音乐表演的观演空间等来体现。如在泰州梅兰芳纪念公园中，“引凤桥”下的水系寓意京剧中的水袖，“京剧知识长廊”一侧墙体上悬挂有京剧脸谱的画像；“仿古戏台”和“滨河水榭”是作为戏曲观演场所。

2. 音乐艺术园的景观形象

音乐艺术园常根据音乐作品特点展开联想，构思造园图景，再利用园林要素将图景内容表现出来。选取音乐作品时，可以选择以描述自然风景为主题的著名乐曲，引导游人通过其作品标题、文字说明、表情术语、演奏技法、创作背景等方面展开联想，创造景观形象。如多伦多音乐花园是根据巴赫《无伴奏大提琴组曲》的 6 首乐曲的形式和特点，设计出 6 个不同意境的主题区。

3. 音乐故事园的景观形象

音乐故事园通常根据一些与音乐相关的故事、传说等进行创作，利用园林景观再现故事场景。如美国迪士尼乐园以迪士尼音乐动画为主题，其音乐动画创作最初取材于两个方面：

①故事，包括童话故事、幻想小说、希腊神话、西方传说等。

②音乐作品。通过为故事配乐、插图或者由音乐作品联想创作故事、插图，

便可生成音乐动画。这些音乐动画中的大部分童话仙境形象就是画师们依照现实中风景名胜地的形象创作得来。

迪士尼动画中的风景名胜地一览　　表 4-12

迪士尼动画	风景名胜地
《变身国王》	秘鲁马丘比丘（Machu Picchu）
《飞屋环游记》	委内瑞拉安赫尔瀑布（Angel Falls）
《公主和青蛙》	美国新奥尔良（New Orleans）
《海底总动员》	澳大利亚大堡礁（The Great Barrier Reef）
《汽车总动员》	美国 66 号公路（Route 66）
《美女与野兽》	法国阿尔萨斯（Alsace，France）小镇村庄
《长发公主》	法国圣米歇尔山（Mont Saint-Michel）巴黎公社
《狮子王》	坦桑尼亚塞伦盖蒂（The Serengeti）大草原
《花木兰》	中国故宫
《冰雪奇缘》	加拿大冰雪酒店（Hotel de Glace）
《睡美人》	德国新天鹅城堡（Neuschwanstein Castle）
《钟楼怪人》	法国巴黎圣母院（Notre Dame）
《小熊维尼》	英国阿什当森林（Ashdown Forest）
《星际宝贝》	夏威夷考艾岛（Kauai）
《阿拉丁神灯》	印度泰姬陵（The Taj Mahal）
《魔法奇缘》	泰国（Thailand）
《美食总动员》	美国的法国洗衣房餐厅（The French Laundry）
《勇敢》	英格兰艾琳多南堡（Eilean Donan）
《小美人鱼》	瑞士西庸城堡（Chateau de Chillon）
《美女与野兽》	法国香波堡（Chateau de Chambord）

最后，运用园林造景手法将音乐动画转变为迪士尼乐园的游乐设施、园林场景、音乐电影、音乐表演等。香港迪士尼乐园“睡公主城堡”的设计构思就来自于德国新天鹅城堡，美丽梦幻的造型使其成为该乐园的标志景点。

再如浙江宁波鄞州梁祝文化园，艺术家以《梁祝》故事为设计取材，围绕《草

图 4-38 上海田汉广场田汉先生雕塑

桥结拜》《三载同窗》《十八相送》《楼台相会》《化蝶永伴》这五段情节进行设计，选取故事情节中包含的园林意象作为景观创作的内容，利用园林建筑、植物、雕塑等要素再现了故事场景。

梁祝故事情节与梁祝文化园景点　表 4-13

故事情节	公园景点
草桥结拜	草桥
三载同窗	万松林、读书院（万松书院）
十八相送	樵夫雕塑、凤凰山、和鸣亭、清水堂、独木桥、双映井、稼圃（农庄）、观音堂、牧牛雕塑、长亭
楼台相会	祝家庄
化蝶永伴	梁山伯古墓、化蝶音乐广场

4.4.3.3　景观序列

景观序列是指自然和人文景观在时间、空间及文化意趣上按一定次序的有序排列。它有两层含义：一是客观景物有秩序地展开，具有时空运动的特点，构成景观空间环境的实体组合；二是人的游赏心理随景观的时空变化作出瞬时或历时性的反应。这种感受既来源于客观景物的刺激，又超越景物表象而得到情感的升华，是景观意象感受的意趣组合。

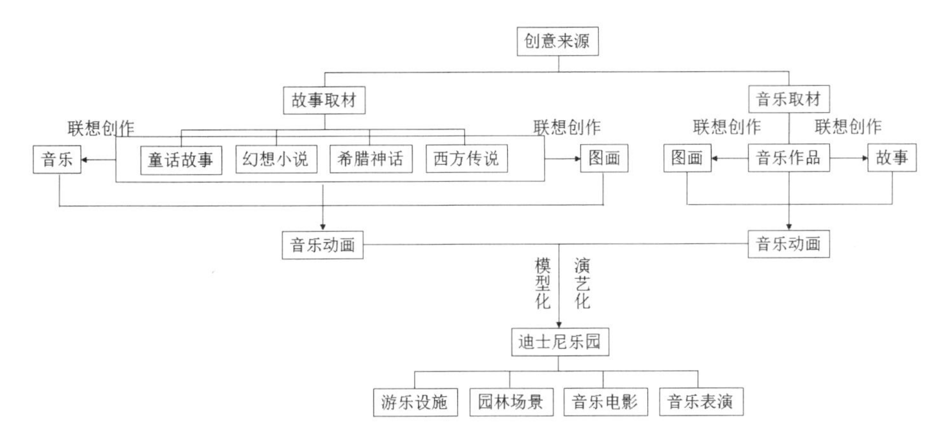

图 4-39　迪士尼乐园景观形象创作流程导引图

图 4-40　德国新天鹅城堡

图 4-41　香港迪士尼乐园

根据组织方式的不同，景观序列可以分为景点序列、意境序列、生态序列等。音乐公园和景区的景观序列主要根据音乐主题进行组织，如音乐人生序列、音乐故事序列、音乐意境序列等。

1. 音乐人生序列

音乐人生序列是按照音乐家的重要人生阶段及其代表作品而设计的一系列景观节点，展现音乐家的性格特点、音乐风格和主要成就。

2. 音乐故事序列

音乐故事序列是景观个体按照故事情节设定而组织为情节线索的关键节点序列。通过暗示故事内容，形成一个“起、承、转、合”富有悬念性的游览线路。如宁波梁祝文化公园，从入口至出口，由万松林—读书院—凤凰山—和鸣亭—清水堂—独木桥—双映井—稼圃—观音堂—牧牛雕塑—长亭—祝家庄—梁山伯古墓—化蝶雕塑等景点构成梁祝故事序列。

3. 音乐意境序列

音乐意境序列是景观个体按照单个音乐作品不同乐章的音乐意境变化，或多个音乐作品的音乐意境变化而创造的一系列景观意境空间。音乐意境空间的设计，需要通过将音乐作品的节奏韵律、思想情感等注入到园林环境中，将园林景观有机地组织起来，形成音乐的空间秩序；同时，利用创作背景、音乐故事等文字说明来启迪观赏者的审美意识和游览心境，使其领会景观的意义。例如，多伦多音乐花园就是按照即兴自由（前奏曲）—缓慢低沉（阿勒曼德舞曲）—活泼强健（库朗特舞曲）—缓慢庄重（萨拉班德舞曲）—温柔典雅（小步舞曲）—活泼欢快（基格舞曲）构成巴赫《无伴奏大提琴组曲》的音乐意境序列来设计的。

音乐主题景观序列在组织布局的时候需要注意两个重要原则：一是整体性原则，按照园区音乐主题的整体秩序，将各个功能分区及空间单元整合起来，形成贯穿主题特色的整体环境；二是因地制宜原则，按照景区环境属性来确定景观空间

图 4-42　梁祝文化园牧童吹笛雕塑

图 4-43　梁祝文化园化蝶雕像

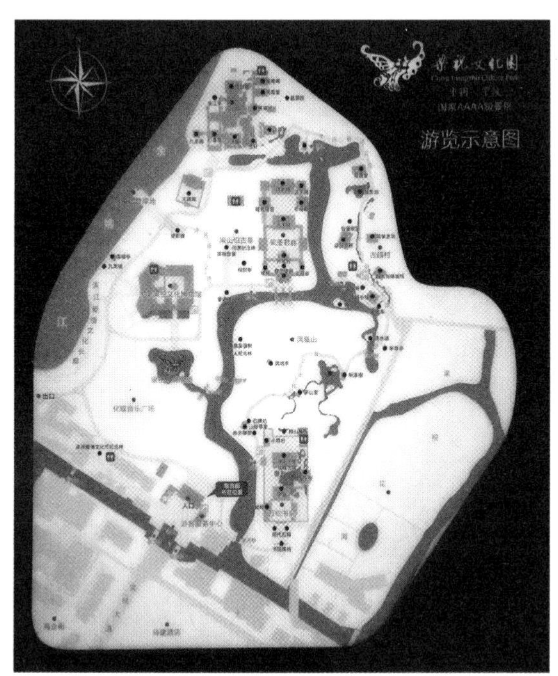

图 4-44　梁祝文化园导游图

图 4-45　梁祝文化公园故事序列图

的位置、形式、布局等。

4.4.4　园林建筑与配套设施

4.4.4.1　道路广场

音乐公园和景区的道路广场可采用音乐形象，如利用曲线形道路模拟五线谱旋律，螺旋线性道路模拟提琴琴头样式；或利用乐器形态的广场平面以及音符图案的铺装直接表达音乐主题。

1. 曲线形道路

园区道路、绿地、景观灯带等带状景观常通过曲线构图来表达乐感，因为曲线容易让人联想起动感的旋律和变化的节奏。如多伦多音乐花园中的“库朗特舞曲”景区，利用种植花带与道路铺地交替布局形成螺旋状花园，带给游人圆舞曲般活泼跳跃的空间体验。再如嘉兴凌公塘文化主题公园中的“五线谱音律大地”景点，巧妙地利用蜿蜒的堤岸设计成流畅的曲线，再用各色植物配置呈现出空间造型层次感，象征欢快的五线谱乐章。花木种植带边缘的石台上安装有地灯，夜间景观宛如一条绚丽多彩的五线谱灯带。

2. 乐器形态广场

乐器作为表现音乐艺术的工具，具有实用性和欣赏性双重功能。其中，欣赏性表现在乐器的造型美方面。任何一件乐器的造型都受到使用者和环境的影响，

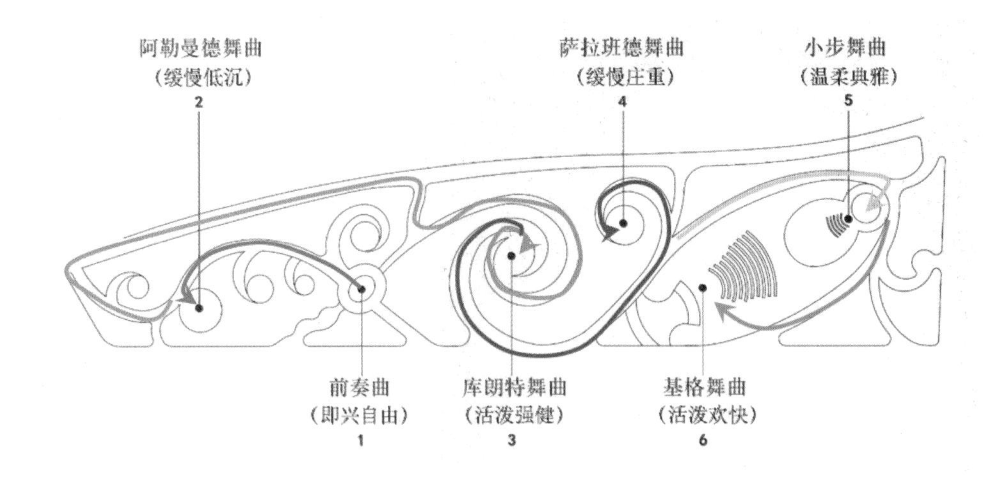

图 4-46　多伦多音乐花园音乐意境序列图示

在设计时就会注意处理人与环境相和谐的关系，因而形成匀称的造型构图，如小提琴、二胡、琵琶、扬琴、鼓等乐器，它们的外观形式都带给人们一种精致、平衡、统一的舒适美感。

例如，小提琴的形态在各种园林广场造型中运用较多。其琴身两侧为弧线形，整个体形好似葫芦，具有对称、均匀、渐变的特点，琴身造型接近现代园林倡导的自由曲线。在园林造景中，通常采用白色或红色的提琴造型作为广场的平面构图，红色象征喜庆活泼，白色代表素雅高贵。运用不同的铺装材质就可以表现出琴身形体的效果。小提琴的弦轴、琴弦、琴马、F 孔等配件也是美感要素，可利用铺装、绿植、园建及小品点缀在广场空间中，呈现出形象化的视觉效果。如云南玉溪“聂耳音乐广场”、哈尔滨“维也纳音乐广场”、重庆“石竹山公园”音乐广场等就采用了小提琴形象。其中，聂耳音乐广场景区设有上、下两个台面，上层为架空的小提琴广场，利用不同铺装形式表示“F 形音孔”“琴马”“聚弦板”等构件。广场景区通过南北向的“指板”桥铺设四条 LED 灯带，象征小提琴的四根琴弦；桥的末端设有观景平台，象征“弦轴”；北端聂耳山上的雕塑广场呈扇形，宛如小提琴的“琴头”。

3. 音符图案铺装

音乐公园和景区道路及广场的铺地，也可以结合音符图案设计。园林广场主要提供市民户外活动的空间，色彩丰富、充满乐感的形式能为广场增添活力。如青岛音乐广场西南部建有宽 12m、长 30m 的观海台，铺装材料以高强度水磨石为主，地面上刻有几十首世界名曲的乐谱。部分音符下还装有按压式感应器与电脑音响装置相连接，可随游人的踩踏播放百余首不同的音乐，深受市民喜爱。

公园道路是市民晨跑、散步及游览的主要空间，铺装材质应与周围环境相协调，

图 4-47　多伦多音乐花园

图 4-48　嘉兴凌公塘文化主题公园“五线谱音律大地”
（嘉兴日报 2009 年 5 月 26 日）

多采用平坦细腻的材料作为面层以便于通行。林间小路可采用自然材质以增添行走趣味。它们均可结合音符图案设计铺装面形式以突出道路功能和音乐主题。如重庆石竹山公园的主要道路绘有白色旋律线和黄色音符，显得十分动感；哈尔滨太阳岛风景区“鹿苑”景点附近的一条林间小路上利用彩色卵石谱写景区主题曲《太阳岛上》的旋律，呼应了园区主题。

4.4.4.2　园林建筑

园林建筑是公园和景区造景必要的构成要素，具有游憩和观赏两重功能。传统园林建筑一般包括亭、台、楼、阁、廊、榭、轩、堂、舫、云墙、花架等；现代园林建筑还包括表演厅、展览馆、俱乐部、露天剧场等。在音乐公园与景区中，园林建筑根据其作用不同可以分为两类：游憩类建筑和造景类建筑。

1. 游憩类建筑

游憩类建筑是提供休息及活动空间的建筑。音乐公园和景区的游憩建筑一般用于开展音乐活动，如音乐观演、音乐展览等。观演建筑形式有音乐台、音乐亭、戏台、露天剧场、音乐厅、音乐堂等。音乐展览建筑有音乐艺术展览馆、音乐名人纪念馆等。不同类型的音乐公园设计侧重点不同，游憩建筑选取的方向就不同，如音乐名人园侧重对音乐名人的纪念，一般设有音乐名人纪念馆；音乐艺术园侧重对音乐艺术的展现，一般设有音乐艺术展览馆。

2. 造景类建筑

造景类建筑是将建筑作为园林中被观赏景观的一部分。它具有四个特性：主题统一性、功能艺术性、文化内涵性、形式美观性。主题统一性是指在主题内容的引导下，色彩、风格、比例等造型要素的风格宜趋同，保证公园景区整体形象的和谐统一。如迪士尼乐园的各种游乐设施都采用色彩丰富的卡通造型，营造了一个梦幻的童话世界。

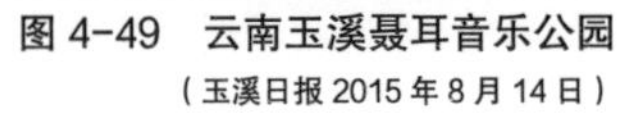

图 4-49　云南玉溪聂耳音乐公园
（玉溪日报 2015 年 8 月 14 日）

图 4-50　哈尔滨维也纳音乐广场
（搜狐旅游新闻 2004 年 10 月 20 日）

功能艺术性是指在艺术美学原则的指导下表现出音乐主题景观建筑功能属性，如鼓浪屿钢琴博物馆外形采用了钢琴黑白键的形象，与其中展览的钢琴形成呼应。文化内涵性是指建筑所具有的文学意义，如宁波梁祝文化公园中草桥、万松书院、清水堂、长亭、祝家庄等景点的设计，符合梁祝故事背景下的园林景观，每个景点都让游客联想到对应的故事情节，大大丰富了游园体验。

形式美观性是指建筑对公园景区的整体环境能起到美化效果，如香港迪士尼乐园幻想世界的入口“睡公主城堡”的造型取自德国巴伐利亚新天鹅堡，美丽奇幻的形象使其成为迪士尼乐园的标志性景点。不少音乐类节目会以它作为舞台背景，如每晚的音乐烟花表演。

4.4.4.3　服务设施

音乐公园和景区的配套设施主要包含 7 类：休息设施、防护设施、照明设施、音响设施、标识设施、卫生设施、给排水设施。这些设施在满足功能属性的同时，也需要突出音乐艺术美。

1. 休息设施

休息设施主要指座椅。在设计时可采用音乐形象造型，如哈尔滨音乐公园的黑白琴键座椅及惠州五矿—哈施塔特旅游小镇音乐广场五线谱座席。它们一般布置在环境优美、靠近声源的地方，提示游人进一步体会音乐的意境美。

2. 防护设施

防护设施包括栏杆、扶手、围栏等，具有组织交通、分隔空间及安全防护的功能。在设计时可采用音乐形象构图，如哈尔滨音乐公园车挡及公园大门、重庆石竹山公园、厦门鼓浪屿景区的围栏等，都利用了音符或乐器形象进行装饰，起到美化环境的作用。

图 4-51　青岛音乐广场观海台五线谱路面

图 4-52　惠州五矿—哈施塔特旅游小镇音乐广场五线谱座席

图 4-53　香港迪士尼乐园睡公主城堡音乐烟花表演（香港迪士尼官网）

图 4-54　哈尔滨音乐公园竖琴装饰的大门

3. 照明设施

园林照明设施是雕塑艺术与照明技术相结合的产物，有利于构建自然和谐、景色优美的夜间环境。按照用光类型可分为射光照明、泛光照明、聚光照明等；按照作用对象可分为植物照明、水景照明、建筑照明、道路照明、广场照明等。园区照明设施可以结合音乐元素设计与布置。

①音乐射光灯，如珠海长隆海洋王国“横琴海”景点周围设置的隐藏式射光灯，可随音乐节奏发出不断变换的五彩射线。

②音乐景观灯，如哈尔滨“维也纳音乐广场”休息廊设置的景观灯采用五线谱的艺术形式，同时播放出美妙音乐。

③音乐装饰灯，如哈尔滨“维也纳音乐广场”路灯在造型上采用吹笛女的艺术形象；成都东区音乐公园悬挂的 LED 彩灯，仿佛无数的音符漂浮在夜空；澳门亚马喇圆形地音乐喷泉装饰灯景宛若浮玉，十分美丽。

此外，园景灯光还可以配合音乐营造意境，如武汉月湖文化公园“琴台剧院”

图 4-55　南宁五象广场音乐喷泉水景

图 4-56　南宁五象广场音乐喷泉主雕塑

和“琴台音乐厅”两座建筑屋顶采用音乐 LED 灯光造型，仿佛两幢建筑上的流水汇向广场中心，与中心喷泉形成一体，表达“高山流水遇知音”的意境。

2016 年 9 月 4 日，杭州市政府在西湖景区内为“20 国集团（G20）领导人杭州峰会”呈献了一台大型水上情景表演交响音乐会。这是国内首次在户外水上舞台实景演出的综合性大型交响音乐会，由著名导演张艺谋执导。表演舞台设置于水下 3cm 处，节目内容有交响乐、舞蹈、越剧、古琴与大提琴合奏、钢琴独奏等，中西合璧、惊艳全球。与会来宾置身湖光山色之中，观看水上芭蕾，聆听世界名曲，感受中国元素与世界文化的交融与碰撞。

4. 音响设施

音响设施在音乐公园和景区营造中极其重要。通过高保真技术和设备播放音乐能帮助塑造景观形象、营造主题气氛和音乐意境。实用的音响设施类型大致包括特色音效、环境音乐、喷泉音乐、舞台音乐等。特色音效适用于不同主题的景区，如迪士尼乐园的场景音效；环境音乐通常根据公园景区的主题进行选取，如成都杜甫草堂、望江楼等公园就选取诗意、柔美的背景音乐以丰富游赏意境；舞台音乐有两种，一种是 LED 声光舞台所播放的音乐，另一种是现场演奏的音乐。其音响设施主要有两类：

①隐藏式音响，即隐藏在植物、建筑、水景等环境中的音箱等播放器，常根据环境选择其适于隐蔽的形式和位置，达到“听其声略其物”的声景效果。

②景观式音响，造型上多采用音乐形象，可作为园林小品。如成都“府南河音乐广场”周边围绕的八根浮雕音柱，柱上雕刻有蜀永陵蜀宫乐伎图案，柱内安装音响设备，可播放出美妙的音乐。再如西安“大唐芙蓉园”里的一个音响设施采用中国鼓的形象，既与园中所营造的唐代风格建筑浑然一体，又发挥了音响的使用功能。

图 4-57　珠海长隆海洋王国音乐灯光秀

图 4-58　澳门亚马喇圆形地音乐喷泉装饰灯景

图 4-59　杭州西湖“最忆是杭州”山水音画灯光效果

图 4-60　陕西戏曲大观园古琴形象指示牌

图 4-61　陕西戏曲大观园鼓形垃圾桶

公园景区中音乐播放方式也有两种：

①全园播放，多为体现公园景区主题的乐曲。

②点声源播放，适用于主题景点、景区，一般播放场景音乐、特色音效等；点声源播放的音乐强度较小，不会造成声源间干扰。利用这种播放方式可以强化游人步移景异的听觉体验。

5. 标识设施

音乐公园和景区的标识设施包括全园导游图、景区指示牌、景点说明牌、道路导向指示牌等。设计时可添加乐谱、乐符、乐器等音乐图案以突出其音乐特性，如哈尔滨音乐公园的竖琴图案指示牌。也可以在造型上采用乐器形象，如陕西戏曲大观园古琴形象指示牌。景点说明牌可对音乐名人生平、作品特点、音乐意境等内容进行简要说明，帮助游人体会景区内容。如加拿大多伦多音乐花园中每一个主题区都设置了景点说明牌，标明主题乐谱及旋律特点。

6. 卫生设施

音乐公园和景区中的卫生设施主要包括洗手池、垃圾箱、卫生间、垃圾站等。设计时可依据功能性与艺术性相统一的原则，在造型中加入具象或抽象的音乐元素，与公园文化主题相呼应。如陕西戏曲大观园中的垃圾箱，采用中国鼓的形象，富有传统气息；再如台湾新北市板桥音乐公园中的卫生间造型采用贝壳形状，寓意大海的旋律。

7. 给排水设施

音乐公园和景区中的给水、排水设施主要包括排水沟、供水泵、排污泵、供水管网、竖井、急流槽、跌水、排水沟渠、雨水井盖、喷灌设备等。其中有的设施隐藏在地下，有的暴露在地上。对地上设施一般可进行景观化处理，如将排水沟盖上铸出音乐形象的花纹。

4.4.5　游赏方式及娱乐活动

4.4.5.1　*游赏方式*

游赏方式是指游人在公园景区中开展游赏活动的形式。按照参与程度可分为个体游赏和互动参与；按照游赏状态可分为静态欣赏和动态观赏；按照所用游览工具可分为步行、车行、船行等。不同的游赏方式有不同的时间、速度、游程及体力消耗，影响游人的游兴。例如，儿童就更喜欢互动参与的动态游赏，老人多接受静态观赏。不同的景观分区适合不同的游赏方式。如风景优美且表现音乐意境的空间，适合静态观赏；由音乐故事、音乐情境构成的景观序列空间，适合动态游赏。根据背景音乐的旋律特点也能较好地组织游览活动，如慢节奏、柔美、平静的音乐，适合步行游赏；快节奏、喜悦、热情的音乐，可通过自行车、观光车等交通工具加快游览的速度，获得一种音乐与图画节奏相统一的均衡感。此外，音乐主题景区还可以根据不同的游赏方式来规划功能游线，如快行游线、慢行游线。快行游线是在公园景区较大的情况下，结合城市主干道和园内车行道进行规划设计的游线；慢行游线又分为自行车游线、徒步游线等，一般结合重要景点和环境特点进行规划。

图 4-62　香港迪士尼乐园的音乐花车巡游

4.4.5.2　娱乐活动

音乐公园和景区的娱乐项目以音乐活动为主，包括表演、交流、展览等内容。表演活动的形式有音乐演奏、大众歌咏、园林音乐节等；交流活动的形式有音乐讲座、音乐沙龙；展览活动的形式有音乐主题绘画展、音乐主题雕塑展等。还可将游客的日常活动与音乐主题景观相结合，如清晨在公园景区中播放清新柔美的轻音乐，为晨练人士创造一种安静美好的气氛；冬季制作一些有趣味的音乐形象冰雕雪塑在园中展示，可丰富游园景观。

4.4.6　审美意境和旅游产品

4.4.6.1　审美意境

音乐公园和景区在审美意境拓展方面，除了上节中提出的两种音乐意境营造方法，还可以利用园林植物配置形式创造如同音乐节奏韵律般的美感。如用不同色彩和姿态的植物交替出现，可象征音乐不断变化的节奏与旋律；同种植物等距反复出现，如几何形树阵、线性树阵等，可象征音乐中不断重复出现的主题旋律；一种或者多种植物组团式种植，高低起伏较小的构图形象可象征音乐平缓轻柔的旋律，高低起伏较大的构图形象可象征音乐激进戏谑的旋律；植物组团在形态、密度、色彩、质地等某方面作有规律地逐渐变化，以及由植物围合的空间产生不同开合的变化，都可象征音乐丰富变化的旋律。还可以通过选取不同色彩的植物布局成一定图案，象征某种乐曲的旋律特征或者主题气氛。例如，加拿大多伦多音乐花园"阿勒曼德舞曲"景区设计成一片树林，有一条小径通往其中，象征曲调色彩昏暗，缓慢低沉的特点；"库朗特舞曲"景区由色彩艳丽的花卉布置在游路的一侧，盘绕而成螺旋形的小花园，中心是个举办活动的小广场，象征曲调色彩明艳，活泼强

图 4-63　大理古城景区的鼓乐手 1

图 4-64　大理古城景区的鼓乐手 2

图 4-65　冰雕：钢琴和猫（日本东京都明治神宫御苑）

图 4-66　丹麦街头的音乐人，表现了平和欢乐的生活情趣

图 4-67　印象•刘三姐唱片光碟

图 4-68　新加坡圣淘沙旅游度假区“仙鹤芭蕾”大型音乐喷泉秀

健的特点。

此外，随着四季景观的变化而播放不同的背景音乐，也容易使游人产生触景生情的意境。如春季繁花盛开，在一片欣欣向荣的时节里播放热情欢快的“春之声”圆舞曲，能激发人们对生活的热爱之情。公园景区中应根据不同时令的景观特征而播放不同的背景音乐，或在林木、小溪、草花等不同景观的位置可以播放相应主题的音乐旋律，增强游人的审美体验。

4.4.6.2　旅游产品

音乐旅游产品是通过开发利用旅游资源提供给人的旅游吸引物与服务的组合。音乐公园和景区可发挥其特色开发旅游产品，如音乐磁带及光碟、大型音乐演出、音乐故事书、音乐治疗等。同一音乐内容也可以开发出不同的旅游产品，如桂林阳朔大型山水实景演出《印象·刘三姐》，不仅可现场观看，也销售录像光盘。奥地利维也纳“美泉宫仲夏之夜音乐会”不仅作为美泉宫花园的夏季音乐主题景观，其演出场景也被录制成专辑发行。再如新加坡圣淘沙旅游度假区“仙鹤芭蕾”大型音乐喷泉秀，深受游客欢迎。这些旅游产品不仅能有效地宣传、推广园林文化和音乐艺术，也创造了丰厚的社会经济效益。

图 5-1　贝多芬森林公园揭牌仪式场景（2016 年 1 月 20 日摄）

第5章 实践案例：贝多芬森林公园规划设计

在本专题研究过程中，恰逢广东省揭阳市政府和中德金属集团有限公司邀请作者主持中德金属生态城贝多芬森林公园的规划设计工作，从2016年春天起历时约一年。谨此将相关规划设计方案成果概要整理作为实践案例供读者参考。

中德金属生态城是国家工信部和广东省揭阳市政府近年来重点培育的中德国际合作建设项目，位于揭阳市揭东区玉窖镇，地理区位优越，是粤东新经济发展及海西经济区重要组成部分。揭阳金属产业历史悠久，是当地特色支柱产业之一，也是国内金属制品重要的产业基地、进出口基地、材料集散地和研发基地。中德金属生态城对外交通便利，临近揭阳潮汕机场、厦深高铁站等交通枢纽区域。按照相关的城市规划，贝多芬森林公园选址位于中德金属生态城规划区中部山林地带，现状为林场和集体林地，原名“万亩森林公园”，总面积约785.2hm^2。

5.1 场地分析

5.1.1 自然条件

5.1.1.1 地形地貌

贝多芬森林公园规划范围内主要为丘陵地，最高海拔约272m，平均海拔约55m，自然山体坡度普遍较大（＞45°），适宜建设开发的平地较少，多集中于水库附近及山谷地带。

5.1.1.2 气象水文

揭阳市属亚热带季风气候，日照充足，雨量充沛，终年无雪少霜，年平均气温21.4℃，年太阳辐射总量为每115～156kcal/cm^2，年平均降水量在1720～2100mm之间，是全国光、热、水资源最为丰富的地区之一。夏秋季节常受强热带风暴袭击，有时因季风活动反常或寒潮侵袭，会出现冬春干旱或早春低温阴雨天气。

公园范围内的水资源主要为水库和山溪，较大的水库有下径巷水库（库容176万m^3，集雨面积230hm^2，主要功能为灌溉和防洪）。

5.1.1.3 土壤植被

森林公园规划区范围内土壤类型为砖红壤性红壤。现状植被主要为以速生桉为主的常绿落叶林和山坡疏草地。常绿落叶林树种比较单一，除桉树外，还有相思、松树及少量柚子树等。

5.1.2 用地条件

公园现状用地以林地为主，另有水域、村庄建设用地和一般农地等（图 5-1）。

森林公园周边用地主要为工业、商业、居住用地，绿地与广场用地等。中德金属生态城规划的居住用地主要分布于贝多芬森林公园的北部；商业用地则分布在中德金属生态城的北部、中部和南部；工业用地则在南北两个片区布置，紧邻贝多芬森林公园边缘（图 5-2）。

森林公园内部用地为包含部分城市建设用地的生态绿地，用地属性代码 G5，包含了风景林保护、休闲旅游度假及控制性规划所列的城市配套设施等使用功能。根据市政府领导要求，中德金属生态城控制性规划中预留的部分城市公园建设用地，纳入森林公园规划范围统筹规划设计和建设管理（图 5-3）。

5.1.3 人文条件

5.1.3.1 城市环境

揭阳市位于潮汕平原，是广东省人口较为稠密的地区之一，2012 年常住人口 673.94 万，是国内著名侨乡，港澳台同胞和旅外华侨 320 多万人，遍居世界各地；还有归侨、侨眷 180 万人。

5.1.3.2 景观资源

森林公园及周边现状景观资源可分为自然景观和人文景观资源两类，如表 5-1、5-2 所示。

贝多芬森林公园及邻近区域自然资源概况　　表 5-1

主类	资源单体
地文景观	蚶壳鼻山、大纱帽、金交椅
水域景观	森林公园湿地、森林山泉
植被景观	速生桉林地、将军楼灌木丛、蛇地山疏林草地
天象与气候景观	莲花日出、禅境云海、潮汕大观、莲花晚霞

贝多芬森林公园及邻近区域人文资源概况　　表 5-2

主类	资源单体
遗址遗迹	新寨乌梨坑、大脊岭抗战遗址
建筑与设施	东径茶场、老将士墓碑、少年军校、莲花寺
水库	下径巷水库、红山水库、鸡笼山水库、古塘水库

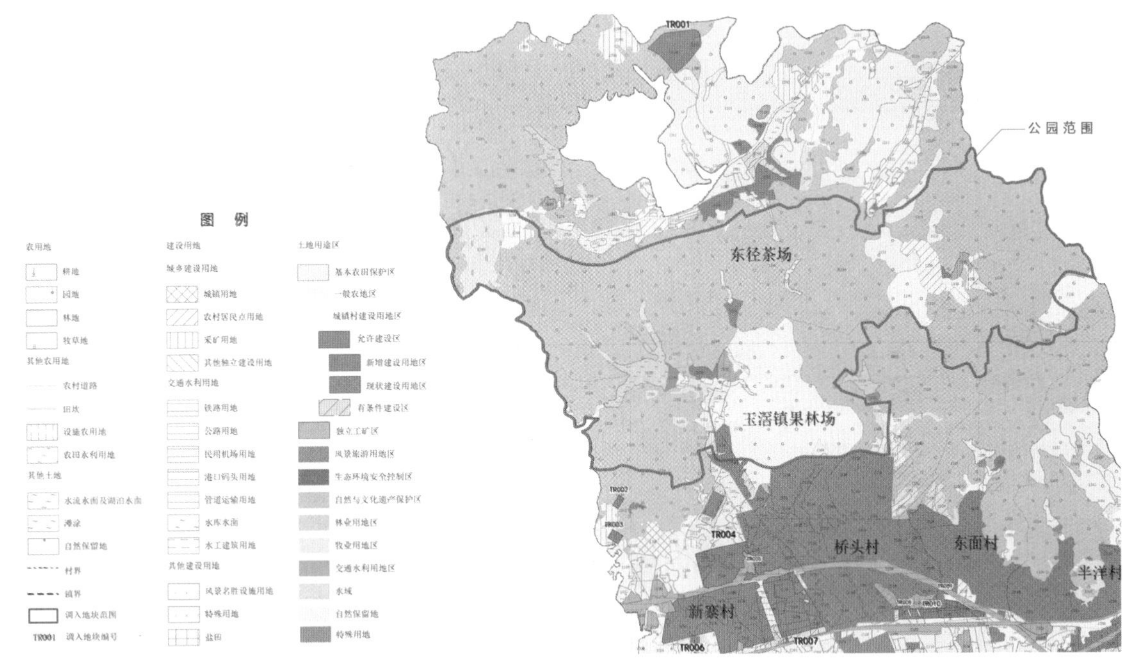

图 5-2　公园内用地现状

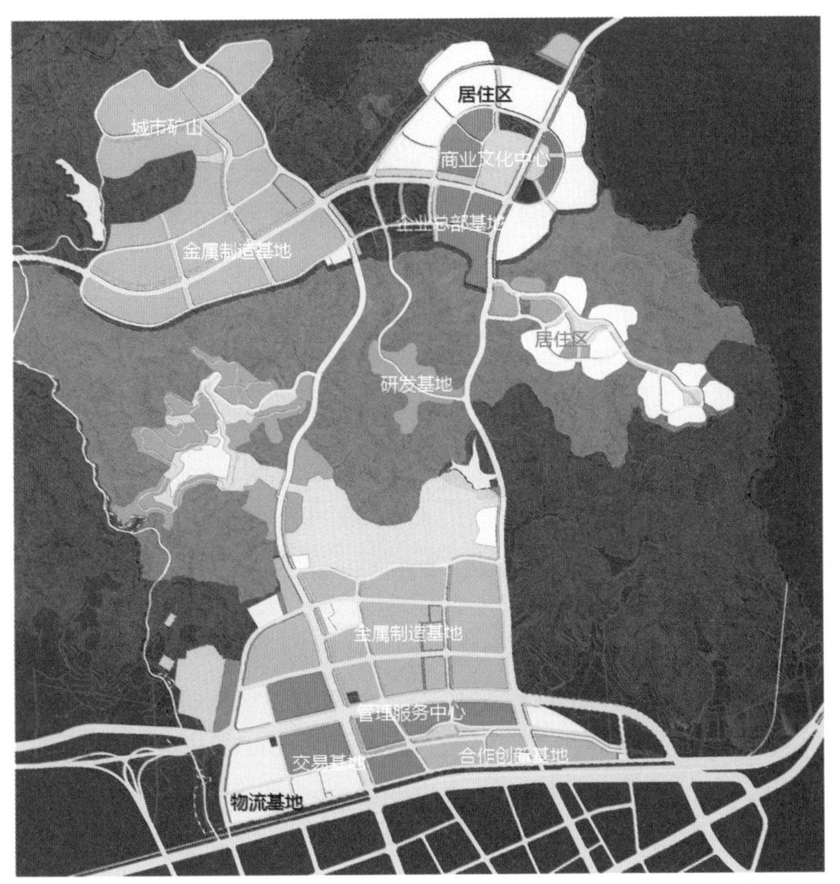

图 5-3　公园周边规划用地情况

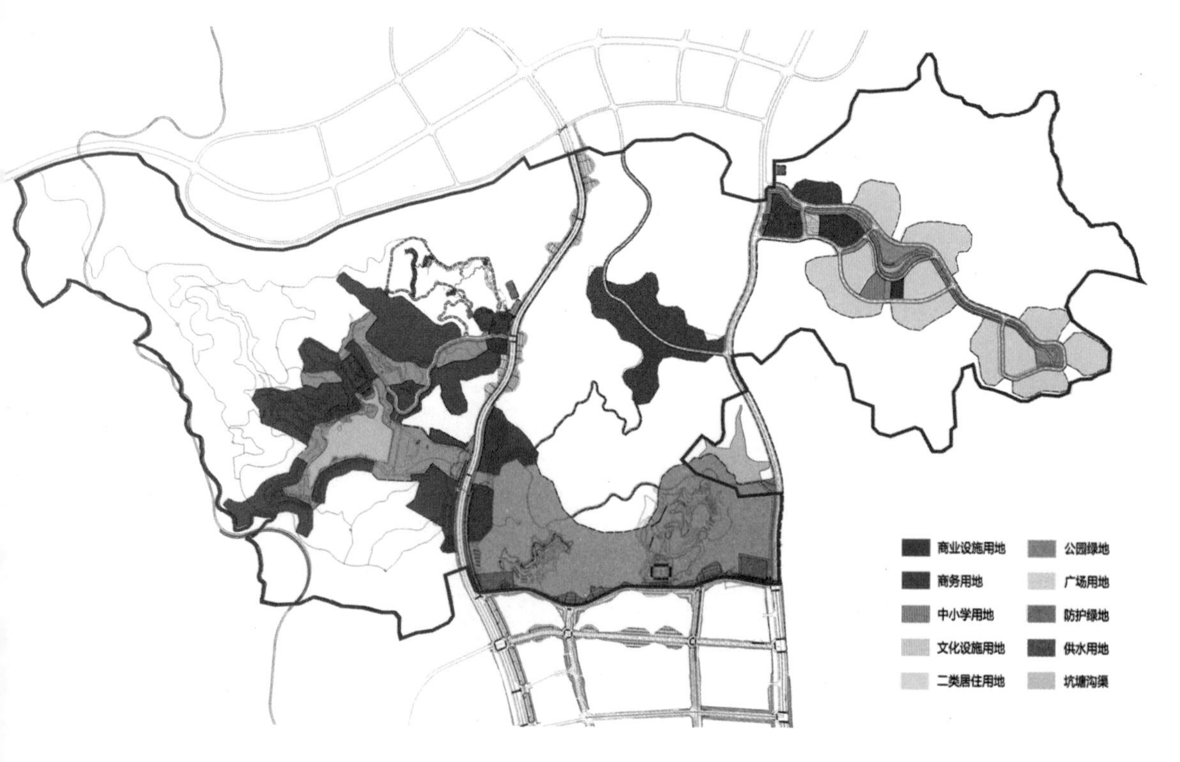

图 5-4　贝多芬森林公园内规划用地情况

5.2　景观规划

森林是人类的摇篮，也是激发贝多芬音乐创作灵感的主要源泉。贝多芬森林公园的规划设计，旨在用创新形式表现贝多芬音乐文化艺术作为景区及功能区的主要内容，结合该项目场地内外的规划建设用地功能，打造有利于中德金属生态城实现“车间在绿树下、家庭在花园旁、孩子在父母边、城区在森林中，生产—生活—生态空间兼容一体”的优美环境，满足国内外建设者和周边居民休闲游憩及科普教育等活动的需求。公园规划的核心概念有以下三个层面：

①构建特色鲜明的音乐名人主题特色景观，生动展现恢弘的贝多芬音乐史诗，包括特色鲜明的主题分区、惊喜绚丽的景观节点和多元体验的游览动线等。

②打造功能完善、内容丰富的森林公园，创新塑造中德文化艺术交流空间，包括合理的主要功能分区、激动人心的活动项目和完善的配套设施等。

③促进中德金属生态城的可持续发展，永久保育中德金属生态城建设用地的生态绿心，包括因地制宜的植物策略、生物多样性保护和海绵城市技术系统等。

贝多芬森林公园具有音乐主题公园和森林公园的双重性质，在规划分区时考虑了两种方法：一、按照森林公园的属性进行功能区的划分；二、按照音乐公园的景观主题内容进行景区规划设计。合理的公园规划分区应建立在二者兼顾的基础上，既满足大众游憩的功能性，又具有贝多芬音乐主题特色。

5.2.1 用地规划与功能分区

参照国家《森林公园总体设计规范》的功能分区标准，贝多芬森林公园结合发展目标和自身的功能特点，规划分为公园服务区、核心游览区、生态游憩区、后勤服务区四大功能区。在各个功能区中，通过音乐形象的感官设计和活动体验来表现音乐主题特色（图 5-4）。

5.2.1.1 公园服务区

该区布置有一定数量的住宿、餐饮、购物、娱乐等游客接待服务设施，承担公园主要的旅游配套功能。该区是强化森林公园游憩功能的重要区域，对于优化森林公园游憩服务水平、增强景区知名度、提高森林旅游资源利用率、促进森林公园周边经济发展将发挥重要作用。因此，在首期建设中，除了散布于景区内的小型服务配套设施之外，亦考虑规划有专家接待酒店、专家公寓（接待客房）、中德文化交流中心等配套服务建筑。其中，专家接待酒店选址位于园内湖区北部，采用德国古典建筑形式，提供餐饮、会议、住宿、俱乐部、健身等服务设施。中德文化交流中心位于湖区东北部，是开展中德文化艺术交流活动的场所，外观采用德国古典城堡的建筑形式，提供餐厅、会议、宴会、商业服务等服务内容。专家公寓位于湖区西南侧，采用德式山地建筑，提供专家中短期工作住宿等生活服务。

5.2.1.2 核心游览区

该区布置有田园花海、月光湖、森林露营山谷、运动山谷等主要游览景点，是公园的核心游览区域，构建了贝多芬森林公园的标志性特色景观。该区的设计紧扣音乐的主题，各细分景区中布置有各类标志性景点，形成充满活力的休闲游赏空间和音乐主题气氛。

5.2.1.3 生态游憩区

森林公园的大部分区域均被规划为生态游憩区。该区内布置有少量旅游公路、停车场、宣教设施、娱乐设施、景区管护站及小规模的餐饮点、购物亭等，方便开展各项旅游活动。该区在功能上对现有森林进行生态建设控制和森林生态保护，防止周边城镇无序开发对森林公园界面的影响和破坏，也为中德金属生态城的开发保留一些弹性用地。该区内需按生态建设的要求对相关土地开发建设的方向、规模和容量进行控制，尽量保留农田与现状植被作为森林公园的发展备用地。该区内不作大规模场地设计，采用原生态的林中步道、森林树屋、悬空木栈道等设计元素。

5.2.1.4 后勤服务区

该区内布置有办公用房、维修车间、员工宿舍等后勤设施，为森林公园的正常运营提供保障。

5.2.2 景区设置与主题内容

主题分区就是围绕森林公园创作主题进行规划分区。根据音乐景观主题中的故事、情感、艺术形象等为线索进行构思，分为多个小的主题。该设计方法在主题乐园中较为常见，如重庆华侨城欢乐谷景区就分为欢乐时光区、梦幻岛区、飓风湾区、森林恐龙区、魔法小镇、河谷小镇六大主题园区，每一个园区根据不同主题区打造相应的道路铺装、景观内容、游乐设施。

贝多芬森林公园根据贝多芬波澜壮阔的人生经历和艺术成就，规划为三个主题区：贝多芬音乐人生、贝多芬印象家园、贝多芬艺术天地（图 5-5）。这三大主题区中的景点布置丰富多样、层次分明，形成了完整的景观体系，突出了贝多芬音乐文化主题特色（图 5-6）。

5.2.2.1 贝多芬音乐人生

“贝多芬音乐人生”景区以贝多芬音乐作品为景观创作主题，让游客在游览中了解贝多芬的人生故事，聆听他的音乐作品，体会音乐传达出来的壮美情感。根据贝多芬的人生经历，该主题景区又可细化为 4 个部分加以表现，分别是：讴歌自然、向往爱情、抗争命运、憧憬欢乐。

讴歌自然区位于入口与湖区附近的大片绿地，靠近珠江大道。以贝多芬的《田园交响曲》《黎明》奏鸣曲等富有田园气息的作品为设计主题，通过纯粹、简洁的自然景观，展示贝多芬热爱自然的情怀。设计试图将音乐中的自然景色浓缩到公园中，采用平缓绵延的草地、缤纷的花田、林间步道及潺潺小溪等景观，构成一

图 5-5　贝多芬森林公园总体功能规划分区

图 5-6 贝多芬森林公园规划设计主题分区

幅特别而有趣的画卷。该区主要景点有：小提琴地景（图 5-7）、林间小溪（图 5-8）、田园花海（图 5-9，图 5-10）、音乐剧场（图 5-11）、游客服务中心（图 5-12）、主入口区门户景观（图 5-13）等。

向往爱情区，以贝多芬创作的《月光》《致爱丽丝》等音乐作品为创作灵感，通过浪漫、宁静的湖光景致，展现贝多芬对爱情的期待和向往。景观设计注重空间营造与音乐活动导入，设置了餐饮、文化、艺术、运动、休闲等各类服务配套与活动。主要景点有月光湖（图 5-14）、钢琴花园（图 5-15）、水上舞台（图 5-16）、湿地啤酒花园（图 5-17）、英雄咖啡馆等。

抗争命运区，以贝多芬《命运交响曲》《欢乐颂》合唱等作品为创作灵感，通过崎岖山路等自然景色，展现贝多芬不向命运低头的精神。在山路的末端制高点，设有一个“欢乐塔”，象征在与命运搏斗一生之后，贝多芬临终时内心满是希望和喜乐，顿悟涅槃（图 5-18）。

憧憬欢乐区，以轻松欢乐的贝多芬《第七交响曲》《第九交响曲》等作品为灵感，通过色彩绚烂的大地艺术，展示美好与欢乐。主要景点有玫瑰茶园（图 5-19）。

5.2.2.2 贝多芬印象家园

“贝多芬印象家园”主题景区，规划以德国风情小镇风光为景观主体，让游客在葱郁山林中体验德国风情，恍如走进了贝多芬的故乡。该区设计内容分为森林露营山谷、森林运动山谷和生态森林区、贝多芬故居风情小镇和山地童话小镇。

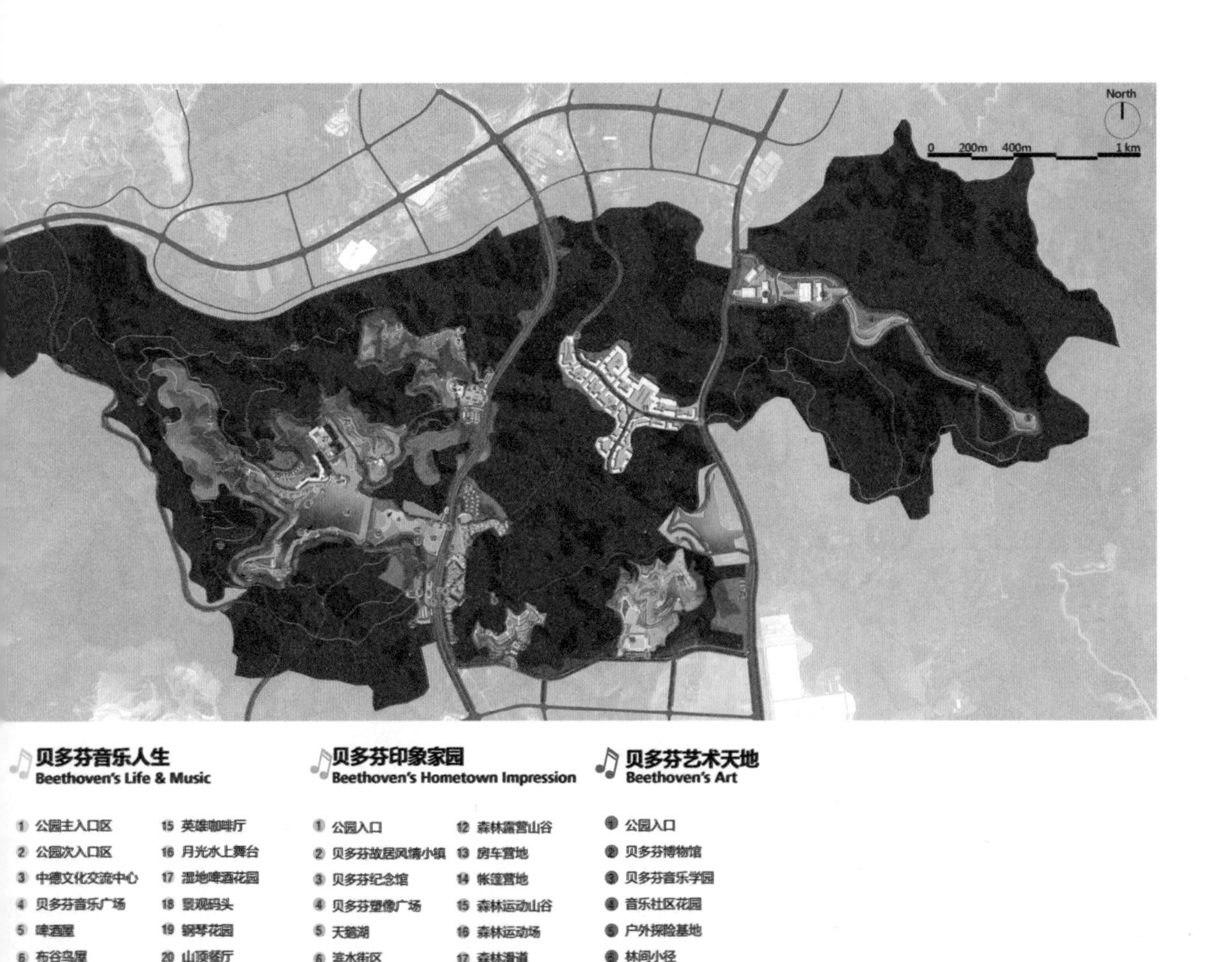

图 5-7 公园规划设计总平面图

森林露营山谷，提供家庭亲子、房车营地、露营帐篷、服务中心等设施。特色体验有野地露营、户外派对、家庭活动等。

森林运动山谷，提供足球场、篮球场、网球场、山地自行车、山地滑道、马术俱乐部等运动设施，是整个项目最具活力的地方。特色体验有户外运动、极限运动、越野跑步、户外拓展等。

贝多芬故居风情小镇，规划位于主干道旁的门户地带，结合了旅游、休闲、居住等功能。小镇内重现贝多芬故居街区，让游人直观地感受贝多芬的故乡景观(图 5-20)，体验富有特色的贝多芬故居街区、休闲旅游住宿、德国乡镇风貌等。

山地童话小镇，以德国山地小镇风情为蓝本，集工作、技术研发、休闲旅游

图 5-8　贝多芬音乐人生讴歌自然区小提琴地景效果图

图 5-9　贝多芬音乐人生讴歌自然区林间小溪效果图

图 5-10　贝多芬音乐人生讴歌自然区田园花海效果图

图 5-11　贝多芬音乐人生讴歌自然区田园花海效果图

图 5-12　贝多芬音乐人生讴歌自然区音乐剧场效果图—1

图 5-13　贝多芬音乐人生讴歌自然区音乐剧场效果图—2

图 5-14　贝多芬音乐人生讴歌自然区主入口门户景观效果图

图 5-15　贝多芬音乐人生向往爱情景区月光湖景观效果

图 5-16　贝多芬音乐人生向往爱情景区钢琴花园景观效果

图 5-17　贝多芬音乐人生向往爱情景区水上舞台景观效果

图 5-18　贝多芬音乐人生向往爱情区湿地啤酒花园景区效果

图 5-19　贝多芬音乐人生抗争命运景区效果

图 5-20　贝多芬音乐人生憧憬欢乐区效果图

等功能为一体，形成一个充满活力、多功能复合的特色德式风情街区。特色游览内容有山地小镇观光、工作、居住、旅游综合街区。

5.2.2.3 贝多芬艺术天地

贝多芬艺术天地景区规划以音乐展示、培训与学习、音乐生活为出发点，包含贝多芬音乐学园、音乐艺术社区、户外探险基地三大主题区，属于半开放区域。贝多芬音乐学园包括贝多芬博物馆、贝多芬音乐学院。贝多芬博物馆中对贝多芬的生平和音乐作品、德国民俗文化、德国现代艺术等进行交流展示；贝多芬音乐学院既可进行短期音乐培训，也可仿照西方音乐教育体制，建立从低到高的全流程音乐人才培养体制。音乐艺术社区是围绕贝多芬音乐学院建设的特色住区，环境优美，艺术气息浓厚。社区内建有大小不等的音乐花园，通过植物造景营造艺术空间，同时为居民提供音乐表演场地。

5.3 音乐园景

5.3.1 音乐雕塑

贝多芬森林公园的主题景观之一是音乐雕塑，包括音乐名人雕塑、乐器雕塑、音符雕塑。音乐名人雕塑主要有贝多芬雕塑，规划安放在贝多芬故居风情小镇入口处的音乐广场中央，起到了突出公园主题的作用。此外，还有贝多芬人生中具有重要指导意义的两位老师——海顿和莫扎特的雕像，均位于贝多芬故居风情小镇中。乐器雕塑以钢琴和小提琴的形象居多，如“向往爱情”主题区“钢琴花园”景点中的巨型钢琴雕塑（图 5-15）。音符雕塑可在色彩斑斓的花丛中作为点缀，如“讴歌自然”主题区的“田园花海”景点（图 5-19）；也可作为建、构筑物的装饰，如“钢琴花园”五线谱围栏上镶嵌的音符（图 5-15）。另外，公园游览道路附近还可点缀一些小型音乐雕塑，如琴键座椅、管乐喷泉、风琴墙等（图 5-21 ~ 图 5-24）。

5.3.2 音乐地景

音乐地景是音乐艺术与地景艺术相结合创作的景观，是利用大地天然景观材料巧妙地捆绑、塑形，形成美丽的大尺度景观。如园区中“讴歌自然”主题区的“小提琴地景”，通过对观赏草坪的设计，形成小提琴造型的空间轮廓线，并利用环保材料将小提琴的指板、琴头、琴弦等转译为空间中的构架。其中，琴弦转译成特色鲜明的遮荫廊架，不仅可供人停留休息，夜晚也创造出别具一格的灯光效果。

5.3.3 音乐喷泉

公园中设计有两处音乐喷泉，分别位于贝多芬音乐广场和月光湖上。这两个地点游人众多，喷泉随音乐翩然舞蹈，营造欢乐气氛。贝多芬音乐广场喷泉以德国风景建筑为背景，活跃的跑泉可以与游客进行互动。月光湖音乐喷泉以风景优美的湖畔为背景，喷泉随音乐旋律左右摇摆，呈现出莲花绽放、海燕展翅等多种意象，将湖区景致衬托得更加美丽（图 5-25）。

图 5-21　贝多芬印象家园贝多芬故居风情小镇效果图

图 5-22　琴键座椅

图 5-23　小提琴演奏雕塑

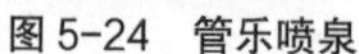

图 5-24　管乐喷泉

图 5-25　风琴墙

5.3.4　音乐空间

全园设计将园内的音乐空间归类为有声空间和无声空间两种类型。有声空间是为音乐演奏及播放提供的场所，以让游客聆听优美乐声为设计目标。无声空间包括与贝多芬音乐相关物品展示场所及音乐作品意境空间，以使游客感受音乐文化或音乐故事为设计内容。

5.3.4.1　音乐观演空间

1. 音乐剧场

音乐剧场位于“贝多芬音乐人生——讴歌自然”主题区内，由表演区、乐符草坡、弧形看台、艺术长廊构成。设计将水坝背面的斜坡改造为草坡，草坡上设置镂空的乐谱浮雕，镌刻贝多芬《第六交响曲》（田园）的主题旋律。表演台就位于草坡下的广阔草地，呈半圆形，可容纳数百名演奏者。围绕草地一周设弧形台阶看台，由草坡和木质座椅构成。剧场外围设弧线形的艺术长廊，为游客提供遮荫休闲空间（图 5-11）。

2. 月光水上舞台

月光水上舞台位于“贝多芬音乐人生——向往爱情”主题区内。在湖面设置可升降式栈桥，可根据表演需要沉入水中，或浮于水面。中心面积较大的圆形栈桥为表演舞台，可举办水上表演等活动（图 5-16）。

3. 钢琴花园

钢琴花园位于“贝多芬音乐人生——向往爱情”主题区湖畔，景点中央为一个超尺度的白色钢琴雕塑。雕塑周围的草地空间作为演出场地，可举办小型音乐会。通过地形高差设计的观景平台采用白色五线围栏，其上镶嵌有白色乐符，谱写贝多芬音乐的著名片段（图 5-15）。

5.3.4.2 音乐聆听空间

在“贝多芬音乐人生”主题区的不同分区都设有“音乐小屋”。小屋的设计形式转译自小提琴侧板的局部细节，采用玻璃采光墙面，木质屋顶延伸至地面，并与地面相平齐。屋内安装有高保真立体声音乐播放设备，可供游人点播贝多芬的音乐作品。这些音乐作品根据区域主题的不同进行了分类，游客可以一边赏景一边聆听音乐（图 5-26）。

5.3.4.3 音乐展览空间

音乐展览空间如贝多芬故居、贝多芬音乐博物馆、中德文化交流中心等。贝多芬音乐博物馆规划展示贝多芬生平事迹、德国民俗文化及当代艺术等内容（图 5-27）。贝多芬故居风情小镇通过仿建德国波恩贝多芬故居建筑形式及其内部摆件，为游客展示贝多芬当年的生活情境（图 5-28）。中德文化交流中心除了有国际会议、旅游接待等功能外，还可举办贝多芬音乐艺术交流会等国际文化交流活动（图 5-29）。

5.3.4.4 音乐意境空间

贝多芬森林公园内的意境空间，主要通过再现音乐故事或艺术联想产生优美景致意境,典型的有如水杉协奏林和爱丽丝鸢尾园。这两处景点均位于“向往爱情”

图 5-26 贝多芬森林公园月光湖音乐喷泉意象

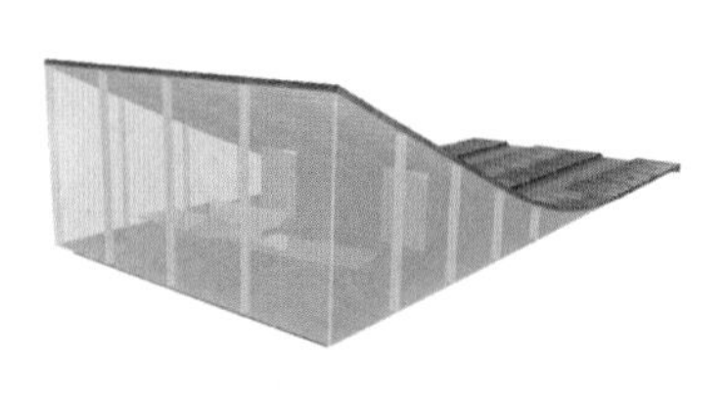

图 5-27　音乐小屋设计构思

图 5-28　贝多芬音乐博物馆意象

图 5-29　贝多芬故居展馆布置意象

主题区，结合湖畔景观进行设计。

1. 水杉协奏林

水杉协奏林位于湿地啤酒花园旁，以水杉作为主调树种，间或种植其他常绿树种。林间设置木质平台，作为游览观景的道路。协奏的含义取自两方面，一是聆听到林间流水声、风声、鸟鸣声的协奏，二是观赏到水杉树种与其他植物的和谐生长的韵律。

2. 爱丽丝鸢尾园

爱丽丝鸢尾园东邻钢琴花园，以贝多芬钢琴小品《致爱丽丝》为主题，园内沿湖种植鸢尾和樱花，春季樱花盛开时节，花瓣落于湖面，可营造纯净、浪漫、爱恋的意境。景点内安装有隐藏式音响，连续播放《致爱丽丝》的旋律。

5.4 游线设计

5.4.1 功能游线

贝多芬森林公园的功能游线按游赏方式的不同，规划为三类:陆上游、水上游、空中游。

陆地游览，即利用园区道路系统，以步行或利用小火车、电瓶车等代步工具进行游览的方式。规划原则主要有两点：①利用现有城市主干道的对外交通优势，组织游人快速、方便地抵达贝多芬森林公园的入口与游客服务中心；②内部交通按主要游览观赏路线、人流及视线空间组织要求，充分利用已有的林场简易路，开辟林区环路，构成灵活的游览交通联系网络，力求达到一定的路网密度，形成等级分明的路网结构。

根据公园景区与城市环境的特点，设计将园区道路系统类型作以下细分：

①城市主干道，即现有的珠江大道和莱茵大道，车行道宽度依据上位规划为26m左右，承担着该项目对外交通的主要功能；②城市支路，依据上位规划，联系园内主要功能区；③公园干线与公园支线，构成了园内交通道路骨架，实行安宁化交通策略，自行车与汽车混合慢行；④游园路，为宽度1 ~ 3m的步行游览道路（图5-30、图5-31）。

园区道路系统布设必须方便游览、安全、舒适、便捷；同时满足生态旅游、护林防火、科学研究、环境保护以及区内职工生产、生活等方面的需要。选线设计充分利用现有道路，尽量不破坏现有植被和景观，体现自然化，充分结合地形，做到技术可行、经济合理，并避免对景点有视线和噪声的干扰，并尽可能作到道

图5-30 中德文化交流中心设计方案

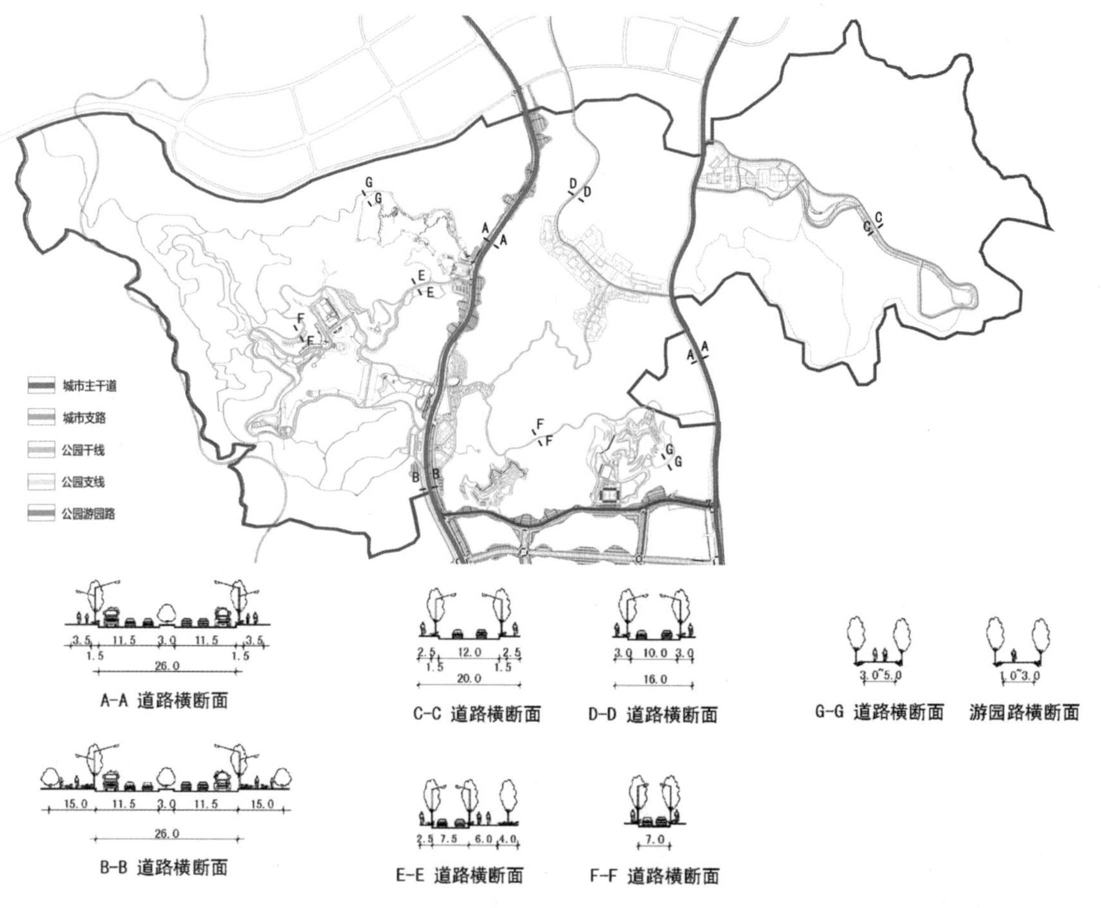

图 5-31　道路系统规划图

路所经之处步移景异。结合园内道路系统的建设，未来还可以增加一些国际性的运动项目，如国际马拉松、定向越野赛等。

水上游览集中在公园内几个较大的水库，可开展泛舟、快艇等活动。空中游览地点选取在贝多芬音乐人生主题区，靠近田园花海的区域，规划设置热气球项目，开展空中游览。

5.4.2　主题游线

贝多芬森林公园规划有两种主题游线供游客自选利用。

一种是大众观光游线，沿着园区主干道和小火车线路展开，游客可以乘坐代步车快速游览公园的主要景区和美丽风景，并利用代步车上的音响设备欣赏贝多芬伟大的音乐作品。另一种是音乐体验游线，游客以步行方式游览主题景区的特定部分，以个人点播聆听的方式体验贝多芬音乐，感受其宏大、深邃的意境。例如，在“贝多芬音乐人生”主题区，特别设计有一条旋律小径。沿着小径广播有贝多芬音乐。每隔一段距离，设“音乐小屋”，根据分区景观主题的不同，供游人点播不同情绪特色的贝多芬作品。

在“抗争命运区”有第三交响曲《英雄》、第五交响曲《命运》;“向往爱情区”有《月光奏鸣曲》《致爱丽丝》;“讴歌自然区”有第六交响曲《田园》《春天奏鸣曲》;“憧憬欢乐区”有第九交响曲《欢乐颂》等经典名曲（图 5-32，图 5-33）。除旋律小径外，园中还规划了 6 条徒步线路。综合考虑长度、坡度及沿途地形特点，从易到难分别为水库游线、小镇休憩游线、林间穿越线、山坡踏青线、山顶游线和伐木小径等。借助智慧公园 APP 系统，游客可在徒步线路上探险的同时可用手机聆听音乐和景点介绍（图 5-34）。

5.5 游园活动

5.5.1 主题音乐体验

结合贝多芬森林公园的场地特点，规划组织丰富的主题活动，如贝多芬音乐博览会、中德文化艺术交流会、森林古典音乐节、森林艺术展览等。音乐主题活动为其中的核心，大体分为三类：

①音乐表演。按照表演的规模可分为大型与小型音乐表演。大型音乐表演通常位于建设有扩音设备的露天剧场,场地较大能满足众多游客就坐,如“音乐剧场”;小型音乐表演安排在一些风景优美且有特色场地的环境下进行,如“钢琴花园”“月光水上舞台”。

园中音乐活动按照表演的专业程度又可以分为专业音乐表演、街头音乐表演、大众歌咏等。专业音乐表演是指由专业乐队进行的表演，通常位于较正式的观演场所；街头音乐表演通常位于游客较多的场所，如“贝多芬故居风情小镇”；大众歌咏不限定在具体的场所。

②音乐展览。规划举办音乐展览的地点包括贝多芬博物馆、贝多芬故居纪念馆、中德文化交流中心、贝多芬故居风情小镇的音乐集市等，其中以贝多芬博物馆、贝多芬故居纪念馆为固定展览空间。

③音乐讲座。音乐讲座主要在贝多芬音乐学园举办，作为各类音乐培训教育的内容。

此外，主题音乐体验还包括在园区内为游客创造随处可听的背景音乐和专题体验,主要体现为聆听方式的多样化,包括动态聆听和静态聆听两种方式（图 5-35）。

①动态聆听，是指游客一边游览园景一边聆听音乐的方式，规划在公园里安装较完备的背景音乐系统，包括设置隐藏式小音箱、提供移动式耳机、开放小型音乐广播（Wifi）等。

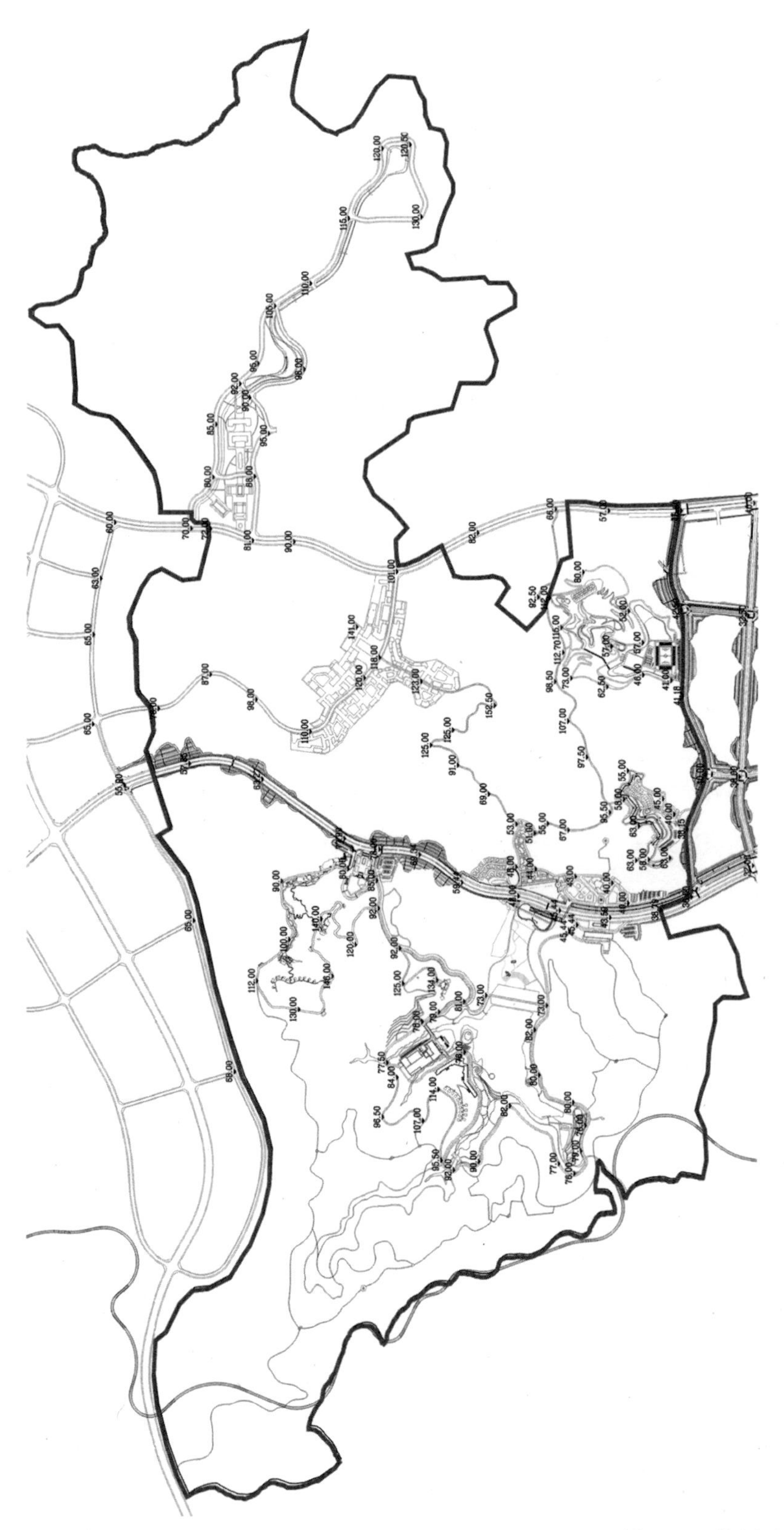

图 5-32 道路竖向规划图

图 5-33　贝多芬旋律小径规划图

图 5-34　贝多芬旋律小径景观意象

图 5-35　贝多芬森林公园徒步线路规划

②静态聆听，是指游客在指定景点进行互动探索、场景式欣赏、现场演奏和定点式欣赏等音乐体验方式。互动探索是为游客创造主动聆听的场所，帮助游客捕捉和体验自然界的各种声音（风声、雨声、流水声、鸟鸣声），如在山林里随机布置的各种聆听扩音装置。场景式欣赏、现场演奏是在进行音乐表演的场所欣赏音乐，如“音乐剧场”“钢琴花园”中专业乐队的表演以及“贝多芬音乐广场”中音乐爱好者的即兴表演等。定点式欣赏是在游览路线上设置的固定聆听站让游客点播欣赏音乐，如“音乐小屋”。

5.5.2　特色大众游憩

在贝多芬森林公园里，还可以结合当地社会经济发展需要和中德文化交流特点，组织丰富的特色大众游憩活动，如仲夏啤酒节、欧洲美食节、房车旅行赛、森林运动会、自行车春游赛、森林夏令营、森林保育活动、森林摄影大赛等。

5.6　配套设施

5.6.1　停车场地规划

按国家《旅游风景区停车场规划设计规范》，贝多芬森林公园的停车场地按游览面积和活动内容等预测，估算系数取 0.12，计算得出共需停车位约 5100 个。其中小客车 4488 个，大客车 612 个。停车泊位的尺寸应当符合相关国家规范要求。

规划全园地面集中停车场共 804 个停车泊位，尽可能集中布置以便管理。其余 4296 个停车泊位，可采用地下停车场、路边停车位、地面配建停车位等多种方式解决。结合深化设计方案，停车场地尽量配置在上层次控规所划定的城市建设用地中。配建停车泊位的数量和形式，需根据上位规划和相关规范的要求以及具体的修建性详细规划，按建设用地性质和开发强度分别确定（图 5-36）。

当旅游旺季停车位不足时，为避免破坏环境，不适合再修建停车场的区域可考虑建造临时停车场，宜采用草坪格或碎石地面等生态材料进行铺装。

5.6.2 基础工程规划

5.6.2.1 给水工程规划

1. 相关规划

贝多芬森林公园地处揭东县玉窖镇，县城东部水厂的原水来自“引韩工程”。揭阳“引韩工程”的任务为供水，通过从韩江引水满足揭阳市区和揭东县东部六镇城乡生活和工业用水需求，缓解本地区水资源供需矛盾。该工程设计供水规模为 72.5 万 m^3/ 日，其中揭阳市区 40 万 m^3/ 日，揭东县东部六镇为 32.5 万 m^3/ 日，输水管线总长约 32.6km，总投资约 12.83 亿元。

2. 规划原则

1）满足旅游业发展以及各种生产、生活和消防需要。

2）水源地应位于居民区和污染源的上游，给水水源以地表水为主。水源选定应符合给水距离短，并有充足的水量。

3）给水方便可靠，经济适用，符合近期与中远期结合，集中与分散相结合的

图 5-36 贝多芬森林公园音乐体验方式图解

原则。

4）给水系统规划要遵循国家有关的方针政策、法规。

5）水质良好，符合现行《生活饮用水卫生标准》GB 5749—2006 的规定。

6）供水设施尽量集中，以便组织管理并保证水源质量。

3. 给水工程规划

1）用水量测算标准

根据中华人民共和国国家标准《建筑给排水设计规范》GB 50015—2003 及《室外给水设计规划》GB 50013—2006 等相关标准。

① 宾馆床位：350 升 / 人 · 日。

② 餐饮：30 升 / 人 · 日。

③ 游客：20 升 / 人 · 日。

④ 绿地灌溉：30000 升 / 公顷 · 日。

⑤ 办公楼：30 升 / 人 · 日。

⑥ 消防用水：10 升 / 秒，按 1 小时计。室外消防用水不计入总用水量，可取溪中或二次供水系统，室内消防用水计入总用水量。

⑦不可预见用水量按用水量的 15.0% 计算。

2）给水规划

公园给水管道的最小管径按不小于 DN200 设置。沿道路布置 DN200 ~ DN1500 的给水管，一般布置于道路西侧或北侧的人行道（绿化带）下，距人行道路缘石 1.0 ~ 2.5m，覆土厚度一般在 1.2 ~ 1.5m。供水主干管网采用环状，提高供水安全性。

公园生活、消防合为一套供水系统，配水管网供水压力宜满足用户接管点服务水头为 0.28MPa 的要求，给水管网按最高日最大时流量计算管径，按最高日最大时流量加消防用水量和事故水量校核管径。消防采用低压供水。最不利点压力应满足 0.1MPa 以上的要求。消防用水直接由市政管网提供，规划道路上每隔 120m 设置地上式消火栓一个，消火栓距建筑不小于 5m，距车行道不大于 2m，消火栓给水干管管径 DN ≥ 100 毫米。消火栓的设置应与当地消防部门协调。

3）用水量测算

根据全园旅游设施规模、绿地灌溉及消防等要求，项目用地范围内的日用水量估算见表 5.3。

4）水源保护

森林公园现状用地内地表水源丰富，水质较好，可保证供水质量，便于管理和节省投资。由于各服务区（点）采用分散供水，供水水源主要取地下水和山泉水。其他用水可用雨水或处理达标的废水。

贝多芬森林公园日用水量估算表（单位：m^3） **表 5-3**

序号	用水项目名称	用水标准	用水面积或人次	用水量	备注
1	常住人员	0.20 m^3/ 人次	500	100	绿地和道路为每两天喷洒一次，可利用当地处理后的中水，故不考虑到全园给水量计算中
2	办公	0.015 m^3/ 人次	50	0.8	
3	游客	0.02 m^3/ 人次	600	12	
4	旅馆	0.30 m^3/ 人次	200	60	
5	餐饮	0.02 m^3/ 人次	300	6	
6	绿地喷洒	20.0 m^3/hm^2		—	
7	不可预见			27	
合计				200	

在取水点设置明显标志，禁止开展有可能导致水源污染的活动，严禁生产、生活污水排放。水源周边不得堆放垃圾，搞好给水设施周围环境卫生和绿化美化，保障水源不被污染。

5）给水系统流程

给水系统组成为：取水水源——取水设备——输水管——高位水池——给水管——用水点。

给水处理工艺流程：地下水——过滤——消毒——澄清——供水。详见图 5-37。

设计供水干管管径 Φ250mm，支管管径 Φ150mm，入户管管径 Φ75mm。给

图 5-37　贝多芬森林公园停车场地规划

水支干线三通处、支管入户前等部位设置阀门井。

5.6.2.2 排水工程规划

1. 现状情况

贝多芬森林公园用地范围内的排水主要分雨水排放和污水排放。公园内地形坡度较大，雨水经森林植被净化后，汇入溪流流入附近河道。公园服务区、核心游览区和后勤服务区有污水处理系统，生活污水均统一收集排入污水处理厂。

2. 排污工程规划

生活污水中一般含有大量的有机物和细菌，必须经过适当处理，排放的污水才能达到《地面水环境质量标准》GB 3838—2002 所规定的要求。

森林公园内用水点的污水量按用水量的 85% 计算，各服务区（点）的污水宜分片就近处理。产生污水量较大的景点，规划配置小型地埋式二级污水处理装置或生物氧化塘进行处理，达到国家尾水标准后可用于园区绿化灌溉或直接排放。其他少量污水可采用土壤净化的方式解决。在新建污水处理设施的同时，可结合周边居民点共同进行排水设施建设详细规划。

森林公园内污水排放工程流程为：生活污水 —> 化污池—> 净化池 —> 多级氧化塘达标后排放；生活粪便 —> 化粪池，详见图 5-38。

其他生活点、接待点和单独厕所的处理流程为：

排放点—> 净化池—> 消毒—> 利用（浇灌）—> 或经氧化池排放（利用）。

结合公园竖向规划和用地布局进行污水干管的布置定线。污水管道的布置应充分利用地形，使管道走向符合地形趋势。要尽量采用重力流形式，顺坡排水，减少埋深，避免设置泵站，达到经济合理的目的。

由于公园一期开发景区（“贝多芬音乐人生”）中的水库（月光湖）周边地形复杂，污水较少，可考虑设置地埋式污水处理设施，将处理达标的污水进行回用。规划沿道路敷设 d300 ~ d800 的污水管道，置于道路东侧或南侧（非）机动车道下，管道坡度宜与地面坡度一致。

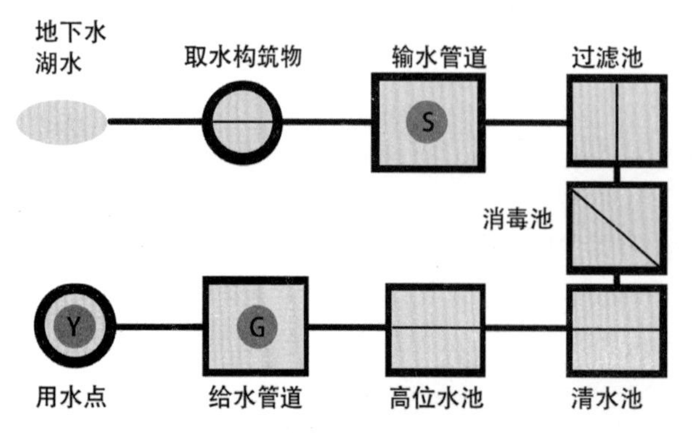

图 5-38　贝多芬森林公园给水处理工艺流程

3. 雨水排放规划

雨水排放要充分利用地形、水系进行合理分区，保证雨水以最短路线，最小管径顺畅排除。

根据地形特点，规划沿园内道路布置雨水管道（渠），在靠近山体的地块边缘设置排洪渠将雨水收集后排放。规划区内的雨水由 d500 ~ d2000 的雨水管道和 1.2m × 0.6m ~ 3.2m × 2.6m 的排洪渠收集，分散就近排至规划区内排洪渠道。

雨水管道按满流计算，其坡度宜与地面坡度一致以降低埋深。管道一般采用管顶平接的连接方式，管道跌水水头为 1 ~ 2m 时，宜设跌水井，跌水水头大于 2m 时，应设跌水井。

5.6.2.3 供电设施规划

1. 需求概况

贝多芬森林公园规划用地内拟增设 8 座箱式 10kV 变电站，用于景观照明及景观附属建筑物用电。拟设置 12 处景观照明计量总箱，根据就近用电原则取箱式变压器或 10kV 开闭所。

2. 规划原则

供电设备的选择、线路的架设应在节约的原则下，要求技术先进，维护方便，安全可靠。

该项目供电容量设计，应正确处理近期和远期发展的关系，总用电量的规划应在满足近期所需电量的情况下，留有余地，兼顾远期发展。

该项目供电工程设计，应按现行有关标准、规范的规定执行。供电线路铺设不能破坏或影响景观环境的和谐统一。

3. 用电负荷预测

公园的主要用电设备为照明、制冷、取暖和娱乐等设施设备，全园用电负荷测算采用“需用系数法”。根据人口预测法及其各用电设施的功能、建设规模及相应单位安装功率、需要系数和电网网损率等计算，测定各主题景区的用电负荷为每个景区 1000kW。

贝多芬森林公园照明装置单位容量扩大指标 表 5-4

建筑名称	单位	指标	需要系数	建筑名称	单位	指标	需要系数
办公楼	W/m^2	8 ~ 10	0.90	汽车道	瓦 /m	4 ~ 5	0.80
宿舍	W/m^2	5 ~ 6	0.8 ~ 0.9	人行道	瓦 /m	2 ~ 3	0.80
餐馆	W/m^2	8 ~ 10	0.90	变电所	瓦 $/m^2$	10 ~ 12	0.80
住宿	W/m^2	10	0.80				
购物店	W/m^2	10	0.80				

4. 供电规划

为避免影响景观，公园内的供电线路采用套管地埋铺设为主。电力线路原则上以道路作为主要通道，与通信线路分置道路两侧。用电点供电线路采用 220/380V 的三相四线制方式供电，配电线以套管直埋暗线为主。

在公园的重点功能区应考虑配置景观照明系统，规划采用现代冷光源与传统灯具有机结合，进行全景布置，各景点间灯光应保持连续，为夜间旅游提供优质的夜景灯光艺术环境。道路照明系统宜保证连续覆盖，但不宜过亮。

5.6.2.4 弱电设施规划

1. 监控系统

监控系统主要由前端摄像机、视频传输通道、监控中心三部分组成。

摄像部分是监控系统的前沿，它将现场及时图像信息采集后，通过信号传输线路传送到监控中心，再由监控中心终端设备还原成图像并进行图像存储；监控中心是实现整个系统功能的指挥中心，各个摄像头通过园内布设的视频电缆与监控中心相连，监控人员可以在监控室内通过操作控制台，利用鼠标方便、准确、自如地对全园各个监控点进行监控操作。规划采用分屏独立控制监控技术，可以作到1∶4∶9∶16幅面自动切换，从而满足平时和特殊情况下对全园的图像监控要求。

监控设备在平时可作为该项目安全服务的一种措施，为安全防范工作提供有力的保障。灾时调度员依靠它作出科学调度，使指挥极为快捷、准确。

监控系统的前端摄像机主要分布于该项目范围内的主干道、广场周边及园内景观小路上，用于记录人群活动密集区域的影像，为园区安全提供一道有力的保障。

2. 广播系统

全园广播系统的音箱主要布置在主要道路、广场周边及游览小路上，平时播放背景音乐，灾时用于发送指挥中心的调度指令，将救灾及其他信息及时传送给园中被疏散的群众。

为使调度人员能够配合监控、广播系统控制全园情况，该项目可建成一个相对独立的小型通信局域网。通信系统为三网合一，为语音、数据、图像统一控制提供物质保障。

3. 邮电、电信系统

规划逐步增加公园用地范围内的无线通信基站规模，园区对外通信宜采用数字程控电话和无线通信。在各主题景区主要建筑中，结合商业服务等公共设施设置电信模块局和邮政服务网点。模块局预留面积20m^2，邮政网点预留面积50m^2，开办邮政储蓄、电报、传真等邮政业务，方便游客，并销售景区纪念封等邮品。

在酒店区、管理区和生活区等均接入光纤宽带网络，满足游客上网和图文通信的需要。通信线路宜沿园区道路布设，地埋通信电缆。

5.6.2.5 环境卫生

在后续的规划设计和管理维护工作中，需进一步编制贝多芬森林公园的环卫工程专项规划。该规划应遵循《中德金属生态城控制性详细规划》中的相关要求，作到以人文本、便捷生态。

公园内的主要游览区域和主要游线，应设置足够的垃圾桶并定期清理。公园内垃圾投放应设规定地点并妥善处理。垃圾存放场及处理设施应设在隐蔽地带。公园的生活污水，有条件者应与城市污水处理系统联网。未经处理的各类污水不得直接排入河湖水体或渗入地下。“三废”处理必须与公园建设同时设计，不得影响环境卫生和自然景观。

5.6.3 旅游服务规划

5.6.3.1 规划原则

1. 标准化

按照《旅游景区质量等级评定与划分细则》中4A级景区建设标准和《公园设计规范》要求，从旅游交通服务、信息引导服务、住宿接待、餐饮设施、娱乐设施、购物设施、安全卫生等七个方面，对贝多芬森林公园进行标准化、规范化建设，提升公园服务质量。

2. 多样化

从市场需求的实际情况出发，细分市场构成，针对不同层次游客的需要，从欣赏角度的多重性、体验形式的多样性、组合方式的灵活性、提供服务的全面性等方面着手，注重传统优势与新元素开发相结合，定制和配套不同的旅游服务设施，创造全新的、多元的服务系统。

3. 文化性

深入演绎贝多芬森林公园的音乐文化主题和德国文化元素，提炼具有代表性的文化内容。在公园服务设施（特别是游客公共休息设施、指示标识、公共信息图形符号、垃圾箱以及建筑外观造型）的规划建设中，运用有代表性的文化元素符号，突出艺术性和文化气息，营造浓郁的特色文化氛围。

4. 人性化

要将“以人为本”的理念贯穿于配套服务系统的规划建设中，为游客提供舒适、便捷、体贴的旅游服务。建立为游客服务的公共信息和咨询平台，设置清晰的标识系统，为残疾人士提供无障碍设计，充分体现人文关怀（图5-39）。

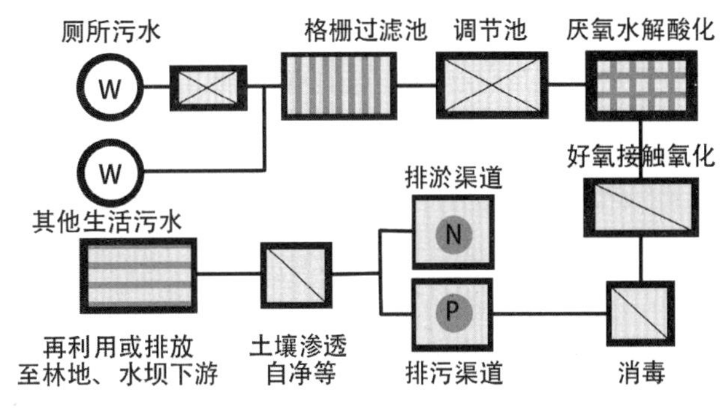

图5-39 贝多芬森林公园污水排放处理流程

5.6.3.2 服务设施规划

1. 交通设施

按照4A级景区建设要求，公园外部交通需能便捷抵达景区，内部交通要求游览线路合理，鼓励使用清洁能源的交通工具。

城市公交站：规划建议在市区公交路线上设立贝多芬森林公园站，方便市民从揭阳市区、揭东城区、揭阳潮汕机场等地便捷到达公园。

电动游览车：因森林公园游览面积较大，为照顾各年龄段游客，规划在公园内配置电动游览车，在各主要景点间环游，游客可随叫随停。

自行车驿站：鼓励游客在公园内低碳化游玩，规划在游客主要集散区设立自行车驿站，作为自行车租赁服务点。出租自行车宜考虑以山地自行车为主，租金控制在10元/小时以内。

游步道：公园设有游步道系统，形成多条特色徒步路线，包括小镇休憩游线、水库游线、山坡踏青线、伐木小径、林间穿越线、山顶游线等。游步道设计应结合各景区主题，采用石材、木材、沙土等材料铺砌，体现生态性和艺术性。

2. 信息引导

信息引导服务主要借助各种传播媒体，通过多种展示方式，将公园内的自然地理、历史与风土人情、景观资源特征、旅游吸引物、服务设施、道路交通和科学知识等相关信息传播给大众，引导游客便捷游览景区。信息服务包括硬件和软件两部分，硬件部分有游客服务中心、导游图、导游画册、交通标识系统、公园内部的游览道路和景点、设施牌示系统、声像展示系统等，软件部分包括导游员、解说员、咨询服务等具有互动性的现场解说。

1）游客服务中心：在公园入口处设置游客服务中心，具体负责公园旅游管理，包括旅游接待（售票）、旅游咨询、旅游向导（翻译）、导游图、导游画册、科普读物、明示景区活动节目预告、提供饮料及纪念品等旅游服务。

2）引导标识系统：主要包括导游全景图、导览图、标识牌、景物介绍牌、提示牌等，造型结合音乐主题和德国风情特色，材料尽量选择木材、石材和金属，突出中德金属生态城的特征。

3）导游全景图：在森林公园各大门入口处和集散处设立公园导游全景图，标示森林公园各景区、景点的名称及游览线路图，用中、英、德文书写。

4）提示牌：在景区景点、游览步道险峻地段和水上娱乐休闲区以及林下活动区设立旅游安全警示牌；在森林公园主要景区景点、旅游接待服务区设立旅游接待、停车、公厕等旅游服务提示牌，用中、英、德文书写。

5）保护防灾宣传标志：在公园内设立生态宣教橱窗，介绍森林公园景区景点的概况、游客所处位置和自然生态与环境保护、护林防火等知识，并展示贝多芬森林公园内各景区景点不同季节的自然风光及当地民俗风情图片。根据森林公园护林防火工作的需要，在景区景点、游览步道和游客相对集中的区域设置生态保护和护林防火宣传牌。

6）导游服务：组建公园专职导游员，并对导游队伍进行培训，持证上岗。导游队伍建设遵循国际惯例和国内有关技术政策要求。普通话达标率100%，并至少配备2名英语和德语导游员。

3. 住宿接待

森林公园内部住宿设施应充分体现山林环境与德国建筑特色，适度发展以森林疗养保健度假和商务会议为主的高端星级酒店，适度发展经济型连锁酒店，鼓励发展特色风情客栈，建立梯度合理的接待设施体系。

1）专家接待酒店：在月光湖（下径巷水库）湖畔按五星级标准规划建设专家接待酒店，提供客房455间，将建成集住宿、会议、餐饮、健身、娱乐、休闲、医疗等功能于一体的高端酒店。

2）中德文化交流中心：按照德国古代城堡风格建设的中德文化交流中心，将提供会议、餐饮、宴会、商业等服务。

3）专家接待客房（公寓）：规划在核心游览区外围建设专家接待客房。

4）风情客栈 / 经济酒店：鼓励在贝多芬故居风情小镇、山地童话小镇建设中档及大众型住宿设施，围绕音乐主题、德国主题、贝多芬主题等内容打造特色风情客栈，同时引进国际连锁快捷酒店、青年旅舍、汽车旅馆等多种接待设施。

5）森林露营山谷：在森林露营山谷设置房车营地和帐篷营地。房车营地提供大中型房车车位及相应的水电供给，野营区提供野营帐篷，满足个性化游客的需求。

4. 餐饮设施

根据公园的预测游人规模和景区景点的分布情况，按照集中饮食和特色饮食相结合的原则，规划在公园内设置三类餐饮服务点。同时，餐饮菜系除潮汕菜、粤菜、其他中式特色菜系外，还准备有德国菜式及其他西式美食。

1）餐饮中心：规划在专家接待酒店设一级餐饮服务点，可提供团队及宴会餐饮，餐饮区包括全日制餐厅、中式餐厅、包房等，可容纳大约200人用餐；宴会大厅规划面积1200m^2，可同时满足600人聚餐。中德文化交流中心作为商务会议中心，规划至少可容纳300人同时聚会。

2）餐饮街区：规划在贝多芬故居风情小镇、山地童话小镇设置餐饮美食休闲街区，引入餐饮店、酒吧、咖啡厅等休闲服务设施。

3）特色餐饮：在核心景点附近，设立特色餐饮店，满足游客休息和餐饮需求。主要包括英雄咖啡厅、田园餐厅、啤酒屋、湿地啤酒花园、户外烧烤区、音乐学园餐厅。

5. 娱乐设施

园内娱乐活动设施应集知识性、趣味性和参与性于一体，并确保安全、健康。

1）音乐活动设施：利用音乐剧场、月光水上舞台、钢琴花园等场地开展音乐活动。

2）水上活动设施：利用月光湖平静的湖面，开辟适于各年龄段游客参与的水上游乐园，购置一定数量的水上游乐器材，如游船、皮划艇、水上步行球、水上自行车等。

3）户外运动设施：在运动山谷设置有野地自行车场地、足球场、篮球场、网球场、极限运动场地、马术俱乐部等活动设施；在整个公园内设计有完善的游步道系统和自行车道，满足游客多样性的户外运动需求。

6. 户外拓展培训基地

结合军训基地建立专门的户外拓展训练场，设置铁索桥、高架绳网、原始障碍物训练设备等，对特殊游客群进行专业培训，以此达到“磨练意志、陶冶情操、完善人格、熔炼团队”训练目的。

7. 家庭亲子设施

1）在森林露营山谷开辟户外烧烤区和露天电影场地，供家人度过愉快的露营时光。

2）在森林运动山谷规划森林滑道场地，增强亲子互动。

3）在玫瑰茶田开展游客采茶品茗活动。

8. 购物设施

1）购物场所：公园内的购物场所应按照合理布局，兼顾各方，满足不同层次的游人需要的原则进行设置，并与森林公园内的餐饮服务、旅游住宿服务等网点同步建设，同时，应严格控制森林公园内的旅游商品销售网点的数量，以保持森林公园良好的旅游形象。

2）购物街区：在贝多芬故居风情小镇设置特色购物街，利用节假日开展户外集市，为游客提供特色购物体验。

3）购物商店：在游客集散区和公园进出口区设置购物商店，主要满足游客购买旅游商品、日用品以及租赁器材的需求，包括有游客服务中心、露营地入口、运动山谷入口、贝多芬音乐广场、专家接待酒店、山地童话小镇、布谷鸟屋等。

4）旅游商品：包括旅游纪念品、土特产品、工艺品、馈赠礼品等，旅游商品的开发应具有生态保健特色，避免出售与其他景区雷同的产品。旅游商品开发应充分利用公园自然资源和音乐文化、德国文化、金属文化、潮汕地方文化资源，经过设计、生产、宣传、营销，使资源优势转变为经济优势，如音乐音像产品、音乐器材、德国特色旅游纪念品、森林绿色食品等。

9. 安全卫生

1）医疗：为保障游客健康安全，及时处理突发疾病及伤害，根据公园旅游的特点，规划在游客服务中心设立医务室，配备医务人员及常规药品提供一般的医疗救治服务，配置医疗救护车 1 辆，与城区医院建立服务联系网络，使病人得到及时治疗；在森林运动山谷、月光湖周边，户外拓展训练基地设置医疗紧急救护站；同时在上述医疗紧急救护网点和沿森林公园的主要车游道、旅游步道，设置医疗急救电话；在公园导游图等宣传资料上标示公园内的专用医疗急救电话号码。

2）保安：在森林公园管理处设置公园保安处，负责森林公园内的治安、护林防火和旅游安全等工作，配置越野车 1 辆；结合森林公园护林防火等工作的开展，在森林运动山谷、月光湖周边，户外拓展训练基地、森林露营地、湿地啤酒花园等主要景点和游览步道险峻、岩石陡峭地段设立保安服务点和移动巡护哨；沿主要游步道，安排保安员（巡山护林员）进行保安巡护。

3）公厕：在森林公园内游客聚集和流量大的地方设置既隐蔽又方便使用的公厕，包括无障碍设施。根据《森林公园设计规范》，公共卫生间的服务半径为 500m 以内满足基本要求；厕所蹲位按照日游客容量的 2% 计算，约 750 个。

5.7 生态植被

5.7.1 植被规划总则

1. 以现有山林植被为基础，按景观需要，结合造林（种草、种花）、改造和整形抚育等措施进行规划。

2. 以本土植物为主，遵循植物的自然生态习性，坚持适地适树原则，合理搭配植物景观。

3. 在利用现有山林资源的基础上，以地带性森林植被为参照，结合森林美学、旅游功能、立地条件等多方面要求，营造物种多样、结构合理、景观丰富、功能协调，优美、宁静、舒适、健康的高质量山林空间和环境。

4. 核心游览区植物景观布局应突出局部特色和多样性，逐步形成多树种、多层次、乔灌藤草相结合的较完整的区系植物群落，提高游览观光价值和防护功能。

5. 核心游览区域的森林植被兼顾景观、休憩、疗养、保健、科研生态环境等多种旅游功能。应根据需要，因地制宜、合理布局、统一安排，维护该项目森林生态系统平衡。

6. 植物景观应突出区系地带性植物群落的特色，充分利用森林植物群落结构、树种，植物干、花、叶、果等形态与色彩，形成不同结构景观与四季景观，并重点突出具有特色的植物景观。

7. 生态规划应考虑生物多样性，构建有完善生物群落的生境，考虑各类动物栖息地的需求，作到生态自然、可持续发展（图 5-40）。

规划将贝多芬森林公园的植被分为“特色植物应用区”和“森林生态景观区”。

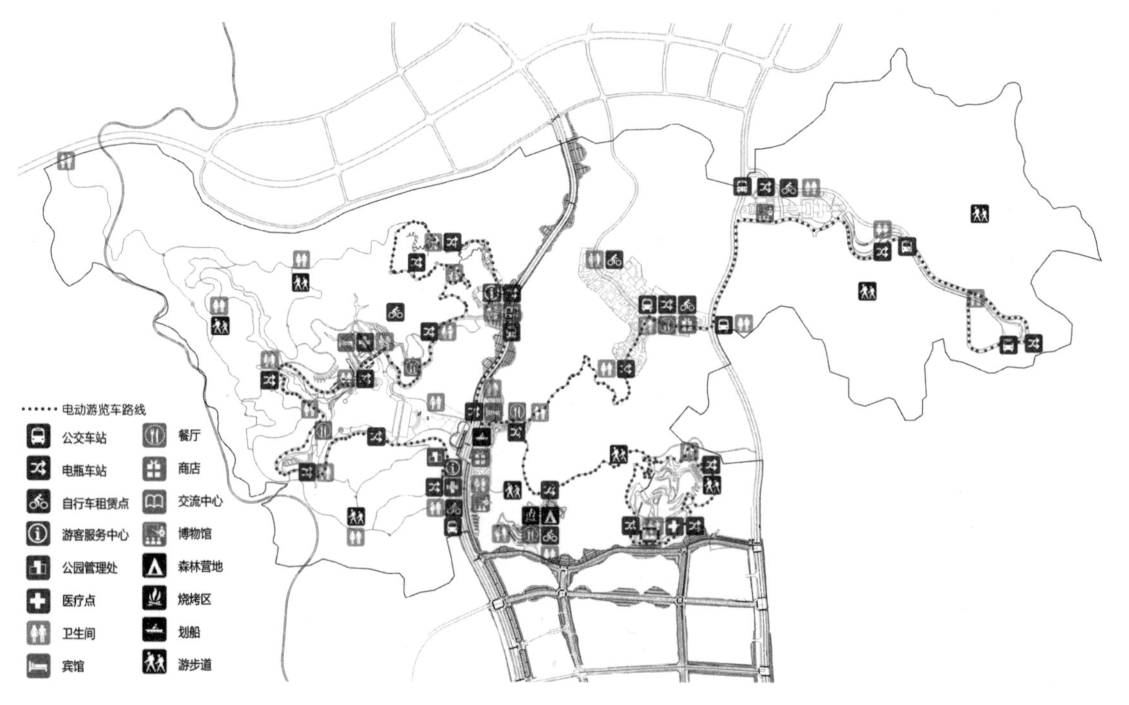

图 5-40 旅游服务设施规划图

特色植物应用区是公园的核心游览区，需作细致的植物造景和管养维护。森林生态景观区主体是公园内的生态林地，以林相改造和生态保护为主，力求通过乡土植物培育发挥森林公园的生态效益。

公园规划区内植物景观规划，应根据不同的视景关系和游览路线及景点特征采用不同的设计方法。主要包括以下方面：

1. 远景视距的设计

由于森林公园面积较大，观赏距离较远，人眼一般只能辨别出森林植被的整体景观效果。因此，规划时在利用天然植被的基础上宜采用大色块、大尺度的设计手法。单一的色彩容易让人滋生乏味、无聊的情绪，为了适应人们逐渐提高的欣赏要求，通过植物的叶色和花色、色果来达到预期效果。

2. 中景视距的设计

在中景视距内可利用植物的姿态、树型和树皮的色彩进行景观规划。在一定的区域内，通过几十株乃至上百株植物的组合达到显著的观赏效果。

3. 近景视距的设计

在近景视距内，通过视觉来捕捉景观的色彩、造型等。距离稍远时考虑观赏点，在景点布置时要有制高点从而可以保证视觉的通透性。

4. 观光车沿途的设计

观光车在公园主干道上行驶。为了使景观在游人头脑中留下深刻印象，道路两侧的植物景观规划要同时考虑到景观及车速两方面的因素。对于一些有特殊观赏效果的树种，必须种植足够的量，才能给游人留下深刻的印象；在满足距离的条件下，再考虑树种之间的相互配置，其观赏效果会更佳。

5. 徒步观光沿途的设计

在创造植物景观的同时，要注意人们对空间的封闭与开敞的感受，选择合适的观赏距离和空间的变化组合来创造舒适氛围，消除游人在徒步观光时单调乏味的感觉。

5.7.2 应用植物规划

5.7.2.1 “贝多芬音乐人生”主题景区

该区域现状植被以相思树和桉树为主，也存在一些植被结构丰富的区域。在布谷鸟屋、啤酒屋等现状景点，植物景观良好，有一定的群落层次；下径巷水库周边现状植被丰富、景观较好。该区域是贝多芬森林公园项目的一期开发区域，是植物景观营造的重点。

1. 核心游览区

该区规划以贝多芬音乐为灵感，围绕中央湖景，创造艺术性的标志性景观，营造宁静、优美的景观意境，突显德式景观风格。

“讴歌自然”主题区为公园门户，景观风格纯粹、简洁，规划以田园花海和草坪地景为特色。田园花海种植多年生草花，如葱兰、美人蕉、毛杜鹃、郁金香等草本，结合常绿花灌木，注重四季花期变化，营造四季有景的田园花海。溪边种植风景林，选用水杉、枫香等色叶树种，结合鸢尾、千屈菜等水生地被。

“向往爱情”主题区为湖区，景观风格浪漫、宁静。湖区的植物配置需要注重群落林冠线的丰富和季相的变化，以形成美丽的水面倒影。群落乔木群主要采用常绿树种与色叶树种搭配，以简洁的林植为主，选用细叶榄仁、樟树、海南蒲桃等常绿树种搭配枫香、水杉、红花风铃木等风景树种。英雄咖啡厅、湿地啤酒花园等景点以绚烂的花境点缀。

“抗争命运”主题区为山林区，道路两侧森林茂密，行进空间形成甬道引导视线。植物配置应以自然式群落为主，力求植物景观疏密有致，步移景异。沿路以栽培自然式岩生植物为主，将岩石与地被结合，景观自然生态。可选用紫薇、红苞木等开花乔木，黄连翘、朱槿、琴叶珊瑚、龙船花、毛杜鹃、蕨类等花灌木及地被，营造山路崎岖、山花浪漫的景观。

“憧憬欢乐”主题区为玫瑰茶园景观。植被景观以梯田花海的规则形式出现，营造艺术化、田园化的感受。植被以玫瑰、野蔷薇和山茶、福建茶片植的形式烘托气势。

2. 配套设施区

配套设施区包括专家接待酒店、中德文化交流中心区、专家公寓，主要承载休闲旅游、住宿、会议中心及举办主题音乐活动等功能。该区的植物规划应配合建筑风格，以欧式自然花园景观为主，局部配置规则式绿篱。其中，专家公寓和专家接待酒店的植被规划，应注重空间的私密性，注重植物与建筑物之间的距离，以免影响建筑通风和采光。植物树种的选择上，应选择观赏价值高的乔木或花灌木及常绿耐修剪灌木，如细叶榄仁、南洋楹、羊蹄甲、大叶紫薇、红桑、黄金榕、黄连翘、朱槿等。中德文化交流中心区景观以游人聚集和举办文化活动为主，广场空间大，宜以乔草种植形式为主，选用枝干舒展、造型优美的树种，如香樟、凤凰木、羊蹄甲等。

5.7.2.2 “贝多芬印象家园”主题景区

该区现状植被以松树和桉树为主，北部山势较为陡峭，南部相对平缓。景区主要由北部山地童话小镇、贝多芬故居风情小镇和森林运动休闲区构成。规划以山地自然植被景观为主，结合游览空间的功能和性质，合理布置各类设施，力求整体风格自然、生态并富有山地特色。

1. 贝多芬故居风情小镇

该景观分区位于主干道旁的门户地带，整体风格为德式传统街区，植物配置为欧洲规则式种植，应注重植物与广场铺装在色彩、形式上的搭配。游憩广场以简洁草地和行道树为主，街区可利用攀缘类开花植物增添小镇的浪漫气氛。在植物种类上，可选择凤凰木、木棉、大叶榕、小叶榄仁等观赏价值较高的乔木树种及龙船花、美人蕉、野蔷薇、紫藤等灌木和藤本。

2. 山地童话小镇

该景观分区以德国山地小镇风情为蓝本，是一个充满活力、功能复合的德式风情街区。植物配置同样要注重建筑和广场铺地的协调，整体仍以草地和行道树为主。为突出山地小镇的风貌，应沿街点缀色彩绚丽的花境和花池，配植美人蕉、雏菊、韭兰、春羽、龙船花、紫藤等花木。山地周边则营造风景林，以林植和群落式自然种植搭配为主，注重视线通透和形成优美的林冠线。

3. 森林运动山谷及露营地

该景观分区主要服务于市民的游憩活动，以运动、游憩、艺术展览功能为主，是充满活力的自然、生态的森林运动休闲区。该区的植物规划应以自然式群落形式为主，根据不同的活动空间性质，合理配置植物，形成疏密有致、独具特色的景观空间。

森林运动山谷设置一定的运动设施供游人使用。植物配置需注意选择枝干舒展、遮荫性好的高大乔木，以乔–灌–草的群落形式种植，避免活动场地之间的相互干扰。山林景观区应依托现有地势，采用风景林加防护林带的形式作密林式种植，并注重利用植物季相的变化。

森林露营地承载着家庭亲子、房车营地、游客中心等人流较集中的功能，植被规划宜以舒缓草坡搭配风景林带为主，形成开阔、舒朗的空间。

该区内的树种选择宜丰富多样，力求常绿与落叶树种相结合，层次更加丰富，满足不同功能的需求。建议选用的树种有水杉、尖叶杜英、马褂木、枫香、大叶榄仁、湿地松、马尾松、红苞木等。

5.7.2.3 “贝多芬艺术天地”主题景区

该区大部分为生态保育区，现状植被以相思树、松树为主，地势丰富。景区规划以贝多芬博物馆和贝多芬音乐学园为主题，植物配置宜简洁、规则，以草地和树阵种植为主，富有德式现代风情。音乐艺术社区花园，以音乐艺术为创作灵感，通过花境和艺术化地景构建音乐花园。

户外拓展区宜尊重现有植被条件，以自然密林为主。建议选用水杉、杜英、马褂木、枫香、大叶榄仁、湿地松、马尾松、红苞木等观赏性树种和美人蕉、雏菊、龙船花、葱兰、红绒球等观花地被。

5.7.3 森林植被保育

5.7.3.1 现状问题

贝多芬森林公园内植被茂盛，尤其在山谷和水库附近的植物景观优美。但在其他区域，现状植被品种较为单一，以经济林为主，观赏价值低，群落稳定性差，生态效益不高。主要问题有：

1. 现状植被物种较单一：公园用地范围内以桉树、相思、松树等经济林为主，有少量的果树和草地。其中相思树占比达到40%，松树达到30%。

2. 景观观赏价值低：园内林地以生产经济林为主，缺乏群落空间层次结构，季相变化不明显，景观观赏性差，尚达不到风景林的观赏性要求。

3. 森林群落稳定性差：单一树种的经济林，容易遭受病虫害的威胁，抵御火灾的能力也较差，且会导致土壤的水位和肥力下降乃至枯竭。由于林地生态涵养功能差，现状地表露土现象严重，土壤板结、肥力不足，其他种类的植物长势较差。针对上述现状问题，规划确定贝多芬森林公园内生态景观营造的重点是构建丰富多元的森林植物景观群落。生态景观规划应从林相改造入手，同时考虑海绵城市技术应用、生态环境保护、植物和野生动物保护等方面的需求。

5.7.3.2 林相改造原则

1. 生态优先原则：林相改造首先要维护本地的生态平衡，提高生物多样性。坚持适地适树、因地制宜、合理搭配，维持和恢复植被景观的自然性、乡土性和原生性，

图 5-41　生态与植被景观初步规划图

营造多树种、多层次的复合植物群落，充分发挥森林的生态功能。

2. 循序渐进原则：林相改造是一个可持续的长远考虑的过程，需做到统一规划，分步实施、统筹兼顾、远近结合，循序渐进改变林分层次结构，提高森林质量。

3. 生态与景观并重原则：为避免造林树种外来化、森林景观纯林化的弊端，规划以林分改造为主，造林更新为辅。要根据原有森林群落及植被的分布特点，以林配景、以林造景，营造季相变化明显、林相丰富又合乎生态旅游的森林景观。林相改造应尽可能保留、利用现状森林植被，避免造成浪费。

5.7.3.3　林相改造策略

1. 确定改造区域

园区林相改造范围的确定，需遵循以下原则：

1）围绕规划设计景点及景点周边林分进行改造，形成特色鲜明的植被景观。根据景点功能、性质和空间氛围，依据景观视觉需求，确定大致林相改造范围。

2）重点改造范围建议宽度为应用植物规划区域向外辐射 100 ~ 150m 的距离，具体距离根据景点的空间设计特点和氛围而定。人眼在平视情况下，当视距超过 120 ~ 140m，人眼的视力就只能看清整体轮廓。因此，120m 的空间尺度符合人眼观景分辨率的极限，是比较适度的景观活动空间大小，便于承载音乐景观活动功能。

3）重点林相改造区域的外缘线，应大致遵循山脊线的趋势，以利于形成丰富的林冠线。

2. 林相改造区域可分为内外两个层次

在控制边界以内（图 5-39）约 60 ～ 100m 宽的内层区域可种植风景林，形成季相变化明显、群落空间丰富的风景林景观带，提升景观效果和功能性。

内层风景林以外约 40m 宽的外层区域，可设置防火林带，使风景林与经济林隔绝开来，有效防止经济林对风景林的侵蚀。

3. 按现有植被种类，以林分进行林相改造

桉树种植区：桉树种植对林地的水肥保养极其不利，因此在划定的林相改造范围内，应加以清除。由于桉树种植区土质较差，宜采用涵养水土的植物与风景林树种间隔种植的方式，一边提升土壤质量，一边丰富景观面貌。经历约 10 年的时间，方可达到林相改造的目的，形成较好的风景林带。

非桉树种植区：松林较为贴近德国的植物景观风貌，宜尽量保留长势良好的松树。规范增加观赏花灌木及地被，丰富季相景观，塑造怡人的活动空间，形成舒适的互动景观区域。现状果林和相思林仅保留景观效果较好的植株，补种不同树种的乡土大乔木、花灌木和地被，构建层次丰富、生态系统稳定的植物群落。

5.7.3.4　林相改造植物选择

森林公园内林相改造的树种选择宜以乡土树种为主。

1. 防火林宜选用荷木、黄连木、油茶、火力楠、中华杜英等防火能力较强的本土树种。

2. 风景林宜以造型优美的本土树种为主，建议选用湿地松、湿加松、马尾松、杉木、凤凰木、刺桐、鸡冠刺桐、枫香、悬铃花、红锥、羊蹄甲、木棉、铁刀木、大叶榄仁、红苞木、海南红豆、重阳木等观赏价值高的树种。

3. 涵养土壤树种宜选用黎蒴、无忧树、翻白叶树、土沉香、幌伞枫、栓叶安息香、木莲等。

5.8　分期建设

5.8.1　分期建设规划

作为一项大型生态旅游主题公园，贝多芬森林公园规划分为三期进行建设，由西至东分别为一期、二期和三期园区。一期园区包括了讴歌自然主题区、向往爱情主题区、抗争命运主题区、憧憬欢乐主题区、专家接待酒店、中德文化交流中心区等。二期园区建设项目主要为贝多芬故居风情小镇、森林运动山谷、森林露营山谷和山地童话小镇，另有后勤服务区。

三期园区建设项目包括了贝多芬博物馆、贝多芬音乐学园、音乐艺术社区花园及户外探险基地。

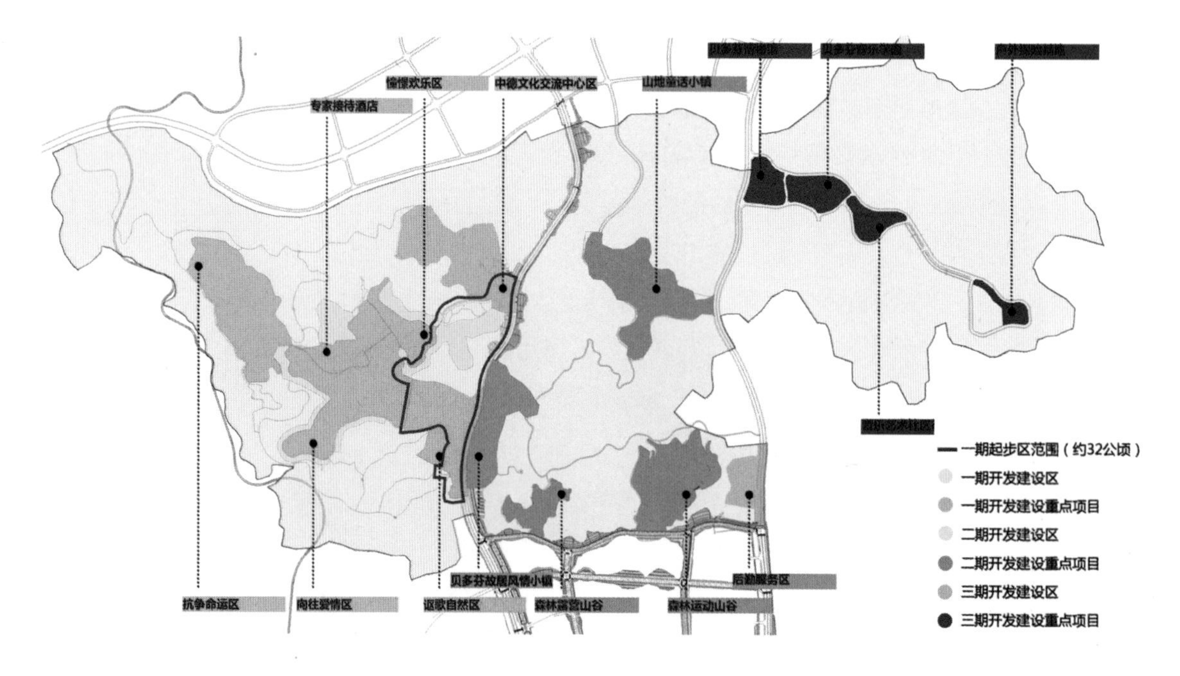

图 5-42　贝多芬森林公园分期建设规划图

5.8.2　建设投资估算

贝多芬森林公园规划建设的总体经济技术指标和投资匡算如表 5-5、表 5-6 所示。

贝多芬森林公园经济技术指标汇总表　　表 5-5

项目		单位	数量
总用地面积		公顷（hm^2）	785.2
建筑基底面积		平方米（m^2）	19000
道路广场面积		平方米（m^2）	388919
绿化面积		公顷（hm^2）	732.60
其中	重点绿化面积	公顷（hm^2）	107.54
	林相改造区面积	公顷（hm^2）	625.06
总建筑面积		平方米（m^2）	28000
水体面积		平方米（m^2）	118284
停车位		个	5100
绿地率		%	93.3

贝多芬森林公园建设投资匡算 表 5-6

项目类型	工程量（m^2）	单价（元 /m^2）	总价（万元）	备注
建筑工程	28000	2000	5600.00	
铺装工程				
沥青路面	227841	220	5012.51	
碎石路面	51681	80	413.44	
石材铺装	109397	350	3828.89	
绿化工程				
重点绿化	1075396	200	21507.93	
林相改造	6250600	25	15626.50	
水景工程	7551	500	377.56	
景观设施			6000	含所有室外景观家具和小型服务设施，标识系统，公共艺术品及智能化设施等
给排水工程	1601600	10	601.60	含绿地微喷系统、UPVC 管道敷设、窨井砌筑等；不含生态保育区等非建设区域
电气工程	1601600	10	1601.60	含室外电缆铺设、灯具、配电箱、电气控制柜等；不含生态保育区等非建设区域
总计			61570.03	

图 5-43　规划建设中的贝多芬森林公园现状景观

图 5-44　规划建设中的贝多芬森林公园现状景观

图 5-45　规划建设中的贝多芬森林公园现状景观

图 5-46　艺术之都布拉格街头的音乐景观

参考文献

1. 人民美术出版社 . 中国美术全集，人民美术出版社，2006.
2. 武汉市园林建设规划设计院 . 武汉月湖文化主题公园景观设计 [J]. 风景园林，2011（02）：54-57.
3. 阿纳托尔· 奇基内，朱建宁 . 意大利文艺复兴和巴洛克园林中水声的应用 [J]. 中国园林，2015（05）：44-49.
4. （美）D. 费尔柴尔德· 拉格尔斯 . 西班牙伊斯兰园林中的声景 [J]，李倞，周薇译 . 中国园林，2015（05）：50-53.
5. 陈泓茹 . 论音乐形象的本质 [J]. 南京理工大学学报（社会科学版），1995（01）：19-23.
6. 陈文婧 . 户外演出文化价值研究 [D]. 上海师范大学，2014.
7. 陈秀芹 . 简述园林植物设计中的韵律 [J]. 中国科技投资，2012（21）：246.
8. 崔恺 . 中国传统元素景观设计：奥林匹克公园中心区下沉庭院（三号院）[J]. 建筑创作，2007（08）：44-47.
9. 崔恺 . 下沉花园 3 号院礼乐重门 [J]. 世界建筑，2008（06）：96-99.
10. （美）保罗· 贝尔 . 环境心理学 [M]，朱建军等译 . 中国人民大学出版社，2009.
11. 董雁 . 明清戏曲与园林文化研究 [D]. 陕西师范大学，2012.
12. 樊潇潇 . 植物园环境音乐设计研究 [D]. 重庆师范大学，2011.
13. 房婷，蒋达 . 基于信息图形设计的乐谱可视化探究 [J]. 电影评介，2013（01）：94-96.
14. 谷音，赵忠琦 . 音乐形象刍议 [J]. 乐府新声（沈阳音乐学院学报），2006（03）：32-35.
15. 顾耿中 . 论歌曲作品中音乐形象的塑造 [J]. 盐城师范学院学报（人文社会科学版），2000（04）：146-150.
16. 管扬勇 . 音乐形象问题探讨 [J]. 音乐研究，1983（04）：47-54.
17. 郭婷 . 贝多芬“田园”交响乐中视觉形象分析 [J]. 黄河之声，2012（02）：18-20.
18. 韩钟恩 . 音乐存在方式 [M]. 上海音乐学院出版社，2008.
19. 胡攀 . 景观修饰技术在园林公共设施建设中的应用研究 [D]. 福建农林大学，2013.
20. 黄虹，罗小平 . 音乐心理学 [M]. 上海音乐学院出版社，2008.
21. 金旖 . 基于音乐美学的建筑生成系统 [D]. 清华大学，2015.

22. 乐工 . 音乐喷泉《水幻大唐》展现唐朝文化 [N]. 音乐周报，2005-02-04.
23. 李方 . LED 光源在园林景观照明中的应用 [J]. 山西建筑，2010（05）：195-196.
24. 李彦 . 浅析乐曲《蓝色的多瑙河》[J]. 牡丹江师范学院学报（哲学社会科学版），2000（1）：93-95.
25. 李振鹏，王民，何亚琼 . 我国风景名胜区解说系统构建研究 [J]. 地域研究与开发，2013，32（1）：86-91.
26. 梁思成 . 中国建筑艺术 [M]. 北京出版社，2016.
27. 刘阳 . 音乐与造园 [J]. 中国园林，1991（01）：41-45.
28. 刘祎晨 . 传统音乐于文化旅游产业的实践和创新研究 [D]. 厦门大学，2014.
29. 马东风 . 音乐视听觉理论的提出与发展 [J]. 交响 - 西安音乐学院学报，2009（01）：15-20.
30. 马婷婷 . 浅论李渔戏曲创作与园林艺术 [J]. 现代语文（学术综合版），2016（08）：32-34.
31. 马卫星，范晓峰 . 形象在音乐不同形态中的表现特征——兼论"音乐形象"概念的界定 [J]. 北方论丛，1994（05）：48-53.
32. 梅歆 . 公共景观建筑"海风琴"海岸改造工程评析 [J]. 宁波大学学报（人文版），2013（4）：129-132.
33. 孟凡玉，陈丹，郁建平 . 留园空间的音乐美感 [J]. 中国园林，2007（10）：78-82.
34. 庞蕾 . 从音乐到视觉转换的途径与方法 [J]. 南京艺术学院学报（美术与设计版），2013（01）：149-155.
35. 千茜，王涛，肖洁舒等 . 深圳进入"湾"时代 深圳湾公园景观设计解析 [J]. 风景园林，2011（4）：32-37.
36. 邱德玉 . 古典园林与戏剧音乐 [J]. 园林，2003（07）：8-9.
37. 三月 . 海上花园——鼓浪屿 [J]. 城建档案，2011（3）：42-43.
38. 申铃 . 旧上海夏季露天音乐会 [J]. 世纪，2002（01）：62-63.
39. 孙博文，张艳鹏，赵振国，等 . 基于多音轨 MIDI 主旋律提取的音乐可视化表达 [J]. 软件，2012（03）：64-66.
40. 孙丹鹏，刘远华 . 基于 Flash 的音乐可视化描述与表达应用 [J]. 科技信息，2012（25）：143-183.
41. 孙思 . 武汉月湖文化艺术区现状评析及优化研究 [D]. 武汉理工大学，2010.
42. 覃钰斐 . 为音乐而设计 [D]. 西安美术学院，2011.
43. 唐嫚丽 . 音乐旅游开发研究 [D]. 中国海洋大学，2008.
44. 涂贵军，黄乡生 . 基于 Nios Ⅱ的全彩 LED 音乐景观灯控制系统设计 [J]. 电子元器件应用，2008（07）：41-42.

45. 王春洁 . 音乐喷泉系统的设计与实施 [D]. 北京邮电大学，2006.
46. 王芳 . 园林艺术 [M]. 中国林业出版社，2014.
47. 王绍增 . 园林、景观与中国风景园林的未来 [J]. 中国园林，2005（03）：28-31.
48. 王兴凤 . 避暑山庄万壑松风的意境 [J]. 旅游纵览（下半月），2015（05）：293.
49. 王艳莉，阮洋 . 哈尔滨城市公共空间的建构——基于“哈响”与城市音乐空间关系之研究 [J]. 艺术研究，2011（01）：40-41.
50. 夏海蕾 . 音乐审美的至高追求：意境美 [J]. 辽宁师范大学学报，2006（02）：107-110.
51. 肖晗 . 迪士尼乐园的规划分析 [J]. 中国水运（下半月），2015（06）：333-336.
52. 肖靖 . 场景空间表演艺术对建筑的影响 [D]. 同济大学，2007.
53. 熊慎端 . 张艺谋新作“印象大红袍”演绎武夷“山水茶”文化 [J]. 福建茶叶，2010，32（z1）：77.
54. 杨帆，黄金玲，孙志立 . 景观序列的组织 [J]. 中南林业调查规划，2000（04）：39-43.
55. 杨萌 . 大雁塔北广场声景观调查及评价研究 [D]. 长安大学，2009.
56. 杨琦 . 论“音乐形象”[J]. 乐府新声（沈阳音乐学院学报），1984（01）：7-14.
57. 杨涛 . 新技术、新材料与园林艺术的互动 [D]. 天津大学，2012.
58. 殷玉环 . 户外流行音乐节的文化历史溯源 [J]. 音乐传播，2016（1）：69-75.
59. 宇宏 . 上海租界公园的音乐台 [J]. 档案与史学，2004（04）：51-52.
60. 张东旭 . 汉传佛教寺院声景研究 [D]. 哈尔滨工业大学，2015.
61. 张培，孟朝，聂庆娟，等 . 园林艺术与音乐艺术的比较研究 [J]. 安徽农业科学，2009（26）：12788-12790.
62. 张双燕 . 大型实景演出的传播学思考——以《印象·刘三姐》为例 [J]. 今传媒，2013（03）：82-83.
63. 张宇 . 中国园林中的聆赏意识初探——以韵琴斋为例 [J]. 天津大学学报（社会科学版），2011（02）：150-154.
64. 张媛 . 环境心理学 [M]. 陕西师范大学出版总社，2015.
65. 赵德生 . 论“音乐形象”概念的科学性 [J]. 牡丹江师范学院学报（哲学社会科学版），2001（03）：119-120.
66. 周克超 . 天坛皇穹宇“对话石”声学现象成因及其与“回音壁”关系的研究 [J]. 文物，1995（11）：86-88.
67. 周鹏 . 园林与音乐的融合性研究 [J]. 现代园艺，2013（14）：153.
68. 周维琼，章平 . 非物质文化遗产保护与旅游开发良性互动探究——以宁波梁祝文化公园为例 [J]. 旅游纵览（下半月），2014（01）：242.

69. 朱吉虹，廖海进，陈星海 . 音乐元素在视觉艺术作品中的应用方法探讨 [J]. 新西部，2010（11）：135-136.
70. 朱贤杰 . 马友友与多伦多音乐花园 [J]. 乐器，2006（01）：11-13.
71. 朱翔远 . 喷泉发展史：起源、演变和展望 [D]. 西安建筑科技大学，2008.
72. 朱晓霞 . 声之韵——中国园林中声境的营造与传递 [J]. 现代园林，2006（04）：17-19.
73. Bestor C. MAX as an overall control mechanism for multidiscipline installation art[J]. Computers & Mathematics with Applications，1993，32（32）：11-16.
74. Bo C，Adimo O A，Bao Z Y. Assessment of aesthetic quality and multiple functions of urban green space from the users' perspective：The case of Hangzhou Flower Garden，China.[J]. Landscape & Urban Planning，2009，93（1）：76-82.
75. Cerwén G，Pedersen E. The role of soundscape in nature-based rehabilitation：A patient perspective：[J]. International Journal of Environmental Research & Public Health，2016，13（12）：1229.
76. Hiramatsu K. A review of soundscape studies in Japan[J]. Acta Acustica United with Acustica，2006，volume 92（92）：857-864.
77. Jomori I，Hoshiyama M，Uemura J，et al.. Effects of emotional music on visual processes in inferior temporal area[J]. Cognitive Neuroscience，2013，4（1）：21-30.
78. Liu J，Kang J，Luo T，et al.. Spatiotemporal variability of soundscapes in a multiple functional urban area[J]. Landscape & Urban Planning，2013，115（5）：1-9.
79. Ono A，Schlacht I. L. Space art：Aesthetics design as psychological support[J]. Personal and Ubiquitous Computing，2011，15（5）：511-518.
80. Proshansky H M. The pursuit of understanding[M]. Springer US，1990.
81. Ren X，Kang J. Effects of the visual landscape factors of an ecological waterscape on acoustic comfort[J]. Applied Acoustics，2015，96：171-179.
82. Sturmberg J P，Martin C M，O' Halloran D. Music in the park：An integrating metaphor for the emerging primary（health）care system[J]. Journal of Evaluation in Clinical Practice，2010，16（3）：409.
83. Zhou Z，Kang J，Jin H. Factors that influence soundscapes in historical areas[J]. Noise Control Engineering Journal，2014，62（2）：60-68.

后　记

本书的写作动因，源于我对音乐艺术和风景园林相关性的探究兴趣。孩提时代，我就很喜欢唱歌，小学时在少年宫合唱团受到过一些声乐基础训练。1966年后的“文革”期间学校停课，在家玩耍，我弄来两把口琴成天吹个不停，脑海里记下了许多好听的曲子。中学时代，我是学校文艺宣传队员，除参加表演活动外还尝试学吹了一阵子小号。不过，真正开始了解音乐艺术还是在上了大学之后。1978年春我被录取到北京林学院园林系时，学校下放在云南昆明郊区的秋木园，群山环抱，交通不便，学习环境颇有些与世隔绝。当时，系里教花卉学的俞善福教授常邀我到他住处听古典音乐唱片，引导我逐步认识了海顿、贝多芬、肖邦等西方古典主义音乐大师及其作品。1979年夏学校搬回北京后，恰逢中央乐团的著名指挥家李德伦到北京各高校普及交响乐知识，我又跟着听了多场讲座，受益匪浅。欣赏优秀的音乐，好似为我们的精神生活打开了一扇新的窗口，使心灵的情感更加细腻且富有生气。这对于我后来从事的风景园林专业学习、研究和规划设计实践大有裨益。有许多项目的规划设计构思灵感，就来源于特定音乐旋律与情思的启迪。近几年来，我有意识地关注音乐艺术与风景园林规划设计之间的相关性，指导研究生开展专题研究，希望能总结出一些带有规律性的音乐主题景观设计方法，供教学参考和应对社会业界日益增长的相关实践需求。现在看来，作为一本探索风景园林未知领域设计理论的学术专著，这个写作目标算是基本达到了。

感谢直接参与本书专题研究与写作的刘慕芸、魏忆凭两位研究生及校档案馆的张文英副研究员，他们在资料收集、文献梳理、史实考证、实践案例及图文校对等方面做了大量出色的工作。其中，刘慕芸少年时代曾受过良好的器乐基础训练，因而能够较为深入地感悟音乐和园林艺术的内在联系，将乐韵情思与景观形象综合加以理解，探究相互间共通的艺术审美与创作规律。她的硕士论文《音乐形象的景观表达及相关园林规划设计研究》，得到答辩委员会老师的一致好评，成绩优秀。魏忆凭在校时就设计才华出众，2016 年春在阿特金斯上海分公司项目组参加广东揭阳贝多芬森林公园概念规划设计方案投标中任主创设计师，获得优胜，为本书的理论研究提供了生动的实践案例。该项目延伸的设计成果，还荣获 2017 年“园冶杯”风景园林国际竞赛专业组铜奖。此外,参与该项目研究工作的还有潘景成、蔡艳文、童匀曦、袁霖等同学。这些品学兼优的学生均为本书作出了贡献，在此一并致谢。

感谢中共广东省揭阳市委和市政府、揭东区委和区政府主要领导对贝多芬森林公园规划建设项目的关心与指导；感谢中德金属集团有限公司吴克东总裁、郑禅标副总裁和设计管理部胡洁瑜工程师等的鼎力支持；感谢阿特金斯上海分公司原总监常磊先生和项目组成员夏源、萧宇昂、陈伟、梁雪峰、洪菲、朱洁琳、张平力、黄璐颖、刘红、阎悦馨等的积极配合；感谢 AECOM 广州公司吴琨先生的热情帮助；感谢广东美景园林建设有限公司的合作支持；感谢中国建筑工业出版社领导和费海玲编辑对本书出版的关照指导。正是由于大家的关爱，才使得这一创新的景观设计理论研究成果得以面世。此外，本书中还有少许图片源于出版物和网络公共信息平台，谨向有关机构和作者表示衷心感谢！

2017 年是不平凡的一年，中共“十九大”开启了中国特色社会主义建设的新时代。2017 年，也是“文革”后恢复高考 40 周年，对于像我这样的“插队知青”而言尤其富有纪念意义。作为参加 1977 年高考的幸运儿之一，在学习和从事风景园林专业工作的 40 年中，音乐艺术伴随我度过了许多美好时光。谨以本书献给所有热爱音乐和园林艺术的读者，愿音乐之美在中国现代风景园林中应用更广泛，意境更动人，形象更光彩！

2017 年 12 月于广州